KERNTECHNIK IN EINZELDARSTELLUNGEN

Diese neue Schriftenreihe zur Kerntechnik ist für Studenten an Universitäten, Technischen Hochschulen und Ingenieur-Schulen bestimmt. Gleichzeitig wendet sie sich an Mitarbeiter bei Forschungsaufgaben und an qualifizierte Techniker, die ein tieferes Verständnis derjenigen Gebiete der Kerntechnik benötigen, die außerhalb ihres eigenen Fachgebietes liegen.

Für diesen Leserkreis sind die derzeit zur Verfügung stehenden umfangreichen Werke im ganzen vielfach zu ausführlich und nicht zuletzt recht kostspielig. Dem Bedürfnis nach einer weitgefaßten Darstellung hofft der Verlag mit der Herausgabe dieser preiswerten Reihe von Einzeldarstellungen nachzukommen; sie erfolgt in Zusammenarbeit mit TEMPLE PRESS LTD. und basiert auf der dort erscheinenden Schriftenreihe „Nuclear Engineering Monographs".

Das Thema erstreckt sich von den elementaren Grundlagen bis hin zur Behandlung schwieriger theoretischer Fragen, wobei auch die neuesten Ergebnisse berücksichtigt werden sollen.

Winter 1961   Der Verlag

Die Schriftenreihe

KERNTECHNIK IN EINZELDARSTELLUNGEN
— NUCLEAR ENGINEERING MONOGRAPHS —

umfaßt vorerst folgende Bände:

I

W. K. Mansfield
ELEMENTARE KERNPHYSIK

II

J. J. Syrett
REAKTORTHEORIE

III

W. B. Hall
WÄRMEÜBERTRAGUNG BEI REAKTOREN

IV

J. R. Harrison
REAKTORABSCHIRMUNG

V

J. H. Bowen und E. F. O. Masters
STEUERUNG UND INSTRUMENTIERUNG VON REAKTOREN

VI

W. R. Wootton
DAMPFKREISLÄUFE FÜR KERNKRAFTWERKE

VII

B. R. T. Frost und M. B. Waldron
REAKTORWERKSTOFFE

VIII

P. H. Margen
OPTIMIERUNG VON KERNKRAFTWERKEN

IX

R. G. Palmer und A. Platt
REAKTOREN MIT SCHNELLEN NEUTRONEN

W. R. Wootton

DAMPFKREISLÄUFE FÜR KERNKRAFTWERKE

Mit 40 Abbildungen

SPRINGER FACHMEDIEN WIESBADEN GMBH

Autorisierte Übersetzung:
WILHELM LANGENBERG und RUDOLF BÜCHSENSCHÜTZ

ISBN 978-3-663-00464-6   ISBN 978-3-663-02377-7 (eBook)
DOI 10.1007/978-3-663-02377-7

"NUCLEAR ENGINEERING" MONOGRAPHS
Nuclear Reactor Theory
by TEMPLE PRESS LTD. 1958
Alle Rechte an der deutschen Ausgabe bei
Springer Fachmedien Wiesbaden GmbH
Ursprünglich erschienen bei Friedr. Vieweg & Sohn, Braunschweig 1962

Vorwort des Verfassers

Die Energieerzeugung über das Medium Dampf – sei es durch Verbrennung herkömmlicher Brennstoffe wie Kohle, Öl oder Gas, oder sei es durch Spaltung eines Kernbrennstoffes wie Uran – ist ein geläufiges Verfahren für Kraftwerke in einem weiten Größenbereich, der Anlagen mit den höchsten bislang erreichten Abgabeleistungen einschließt. Es existiert eine umfangreiche Literatur über die Anwendung des Dampfes in Kraftwerken mit konventionellen Dampfkesseln, wobei die heutige Technik mit sehr hohen Dampfdrücken und Temperaturen arbeitet und Zwischenüberhitzung sowie regenerative Speisewasservorwärmung benutzt. Man erstrebt höchste Wirkungsgrade, die wiederum unmittelbar von der Qualität des Dampfes abhängen. Durch einen hohen Wirkungsgrad werden die Brennstoffkosten eines Kraftwerkes herabgesetzt, und oft lohnt es sich, ein Werk mit höheren Anlagekosten zu bauen, um Brennstoffersparnisse zu erzielen.

Weit weniger reichhaltig ist die verfügbare Literatur, die sich mit Kernkraftanlagen befaßt, da dieses Gebiet noch verhältnismäßig neu ist. Kernbrennstoffe sind überdies – bezogen auf den gleichen Heizwert – billiger, und daher ist der Anreiz geringer, hohe Wirkungsgrade zu erreichen.

Infolgedessen war man zunächst geneigt, dem Problem der optimalen Dampfausnutzung weniger Aufmerksamkeit zu widmen, als es eigentlich verdiente. Da jedoch die Kapitalkosten von Kernkraftwerken gegenwärtig außerordentlich hoch sind, muß man auch hier versuchen, höhere Wirkungsgrade und damit bei gegebener Reaktorleistung höhere Abgabeleistungen zu erreichen, so daß sich die Kapitalkosten günstiger umlegen lassen. Aus diesem Grunde sollen in diesem Band die für den Betrieb an Kernreaktoren geeigneten Dampfkreisläufe im einzelnen untersucht werden.

Der meisten der hier angewandten Grundsätze bedient man sich zwar auch beim Entwurf herkömmlicher Dampfkraftwerke, bei ihrer Anwendung auf Kernkraftwerke treten jedoch einige wesentliche Unterschiede auf. Man hat zum Beispiel einen relativ großen Spielraum in der Wahl des Dampfdruckes für konventionelle Dampfkesselanlagen, dies ist nicht der Fall für Kernkraftanlagen.

Diese Monographie hat daher das Ziel, in elementarer Weise die mannigfachen Überlegungen zu erläutern, die bei der Auswahl von Dampfkreisläufen für Kernkraftwerke mitspielen sowie einfache Methoden zur Bestimmung des Einflusses der einzelnen Variablen vorzuschlagen.

V

Dem Band sind Tabellen des Wärmeinhaltes von Kohlendioxyd beigegeben, da dieses Gas als Kühlmittel für die britischen Leistungsreaktoren des gas-gekühlten, graphitmoderierten Typs gewählt wurde. Für die freundliche Erlaubnis, diese Tabellen hier wiederzugeben, sei dem „U.S. Department of Commerce" gedankt.

Babcock House
London Oktober 1958   *W. R. Wootton*

Inhaltsverzeichnis

I. Dampfkreisläufe

Auch in absehbarer Zukunft dürfte jede großangelegte Nutzbarmachung der Kernenergie für die Krafterzeugung auf das Medium Dampf angewiesen sein. Dies ergibt sich aus der Tatsache, daß mit Reaktoren des gegenwärtigen Entwicklungsstandes nur verhältnismäßig niedrige Temperaturen zu erreichen sind. Der Dampfkreislauf aber bietet annehmbare Wirkungsgrade bei mäßigen Temperaturen und verspricht interessantere Wirkungsgrade, wenn die verfügbare Temperatur steigt. Abb. 1[1]) zeigt Wirkungsgrade, die mit den einfachsten Dampfkreisläufen zu erreichen sind. Mit komplizierteren Kreisläufen, die mit Zwischenüberhitzung und überkritischem Druck arbeiten, erzielt man noch höhere Wirkungsgrade.

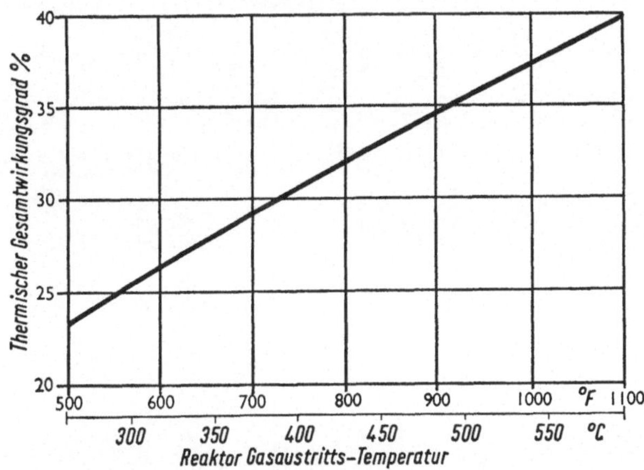

Abb. 1 Die Beziehung zwischen Reaktor-Gasaustrittstemperatur und dem erreichbaren gesamten thermischen Wirkungsgrad des Dampfkreislaufs

Die Verwendung eines Dampfkreislaufs mit einer nuklearen Wärmequelle bringt ihre ganz speziellen Probleme mit sich; diese Probleme liegen jedoch nicht außerhalb des Bereichs der herkömmlichen Thermodynamik.

Die Lösung der Probleme erfordert die Kenntnis der Wärmekraftmaschinen, der Dampftafeln (Anhang II), des Mollier-Diagramms (Anhang III) und des Temperatur-Entropie-Diagramms (Anhang IV).

---

1) Siehe Anhang I (Seite 35) zur Erläuterung der Ableitung von Abb. 1.

Nachfolgend soll nun versucht werden, bei der Behandlung des Stoffes so vorzugehen, daß auch diejenigen einen praktischen Nutzen erzielen, die nur geringe Vorkenntnisse auf diesem Gebiet mitbringen.

Der gasgekühlte, graphitmoderierte Typ und die zugehörigen Dampfkreisläufe sollen hier besonders eingehend behandelt werden, weil dieser Typ in Großbritannien schon mehrfach gebaut wurde. Ebenfalls, jedoch weniger ausführlich, werden die Reaktoren vom wassergekühlten, wassermoderierten Typ der siedenden und nichtsiedenden Form untersucht, da diese bereits als Varianten aufgetaucht sind. Zum Abschluß werden die flüssigmetallgekühlten Reaktoren kurz behandelt.

II. Das gasgekühlte, graphitmoderierte Kernkraftwerk

In einem Kernkraftwerk vom Calder-Hall-Typ wird der Reaktor von Gas gekühlt, welches im geschlossenen Kreislauf durch den Reaktorkern und von dort durch Wärmeaustauscher zirkuliert; die Wärme wird zur Erzeugung von Dampf zum Antrieb der Turbinen benutzt. Das Gas wird von Gebläsen umgewälzt und steht unter Überdruck, da der Energieverbrauch dieser Gebläse sich umgekehrt zum Quadrat des Druckes ändert. Bei einem Kernreaktor, gleich welchen Typs, stehen zwei Faktoren im Widerspruch zueinander: einerseits erfolgt die Wärmeabgabe in einem relativ kleinen Volumen, andererseits muß jedoch die Temperatur gedrosselt werden, um die von den derzeitigen Konstruktionsmaterialien auferlegten Begrenzungen einzuhalten. Diese Tatsache macht den Wärmetransport vom Reaktor zur Dampferzeugeranlage zum schwierigen Problem. Dies ist besonders bei gasgekühlten Reaktoren der Fall, hier werden rd. 10 % der Abgabeleistung der Anlage von den Umwälzgebläsen heutiger Konstruktion verbraucht.

Bei graphitmoderierten, gasgekühlten Reaktoren werden sowohl kernphysikalische als auch technische Überlegungen bei der Festlegung der Geometrie des Reaktorkerns berücksichtigt. Es ist möglich, einem gegebenen Reaktorkern einen weiten Bereich von Wärmeleistungen zuzuordnen und doch die Oberflächentemperatur der wärmsten Spaltstoffelemente konstant zu halten. Bei konstantem Gasfluß durch den Reaktor kann durch Absenken der Temperatur des in den Reaktor eintretenden Gases die Wärmeleistung erhöht werden. Bei konstanter Temperatur des in den Reaktor eintretenden Gases hat die Erhöhung des Gasflusses eine ähnliche Wirkung. Die Kennlinien eines Reaktors vom Calder-Hall-Typ, der mit einem absoluten Druck von 14 ata arbeitet, zeigt die Abb. 2. Die Wärmeleistungen liegen in diesem Fall in einem Bereich von 100 bis 250 MW, die gegebenen Gastemperaturen, Durchflußmengen und Druckverluste erfüllen alle die Forderung nach einer maximalen Spaltstoffelement-Oberflächentemperatur von 450 °C. Die Ableitung dieser Kennlinien wird eingehend behandelt im zweiten Kapitel des Bandes „Wärmeübertragung bei Reaktoren" von *W. B. Hall* (Band III dieser Reihe).

Aus der obersten Kurve der Abb. 2 ist zu entnehmen, daß die höchste Gasaustrittstemperatur erreicht wird, wenn die Wärmeleistung am geringsten ist. Dies ist zu erwarten, da die Gasgeschwindigkeit durch den Reaktorkern niedrig ist. Das Gas ist längere Zeit in Berührung mit dem Spaltstoffelement und erreicht deshalb eine Temperatur, die der Temperatur des Spaltstoffelements sehr nahe kommt.

Aus der untersten Kurve ersieht man, daß, ebenfalls bedingt durch die niedrige Gasgeschwindigkeit, der Druckverlust im Reaktor seinen niedrigsten Wert bei der geringsten Wärmeleistung erreicht. Unter diesen Bedingungen wäre der entsprechende thermische Wirkungsgrad des Dampfkreislaufs am

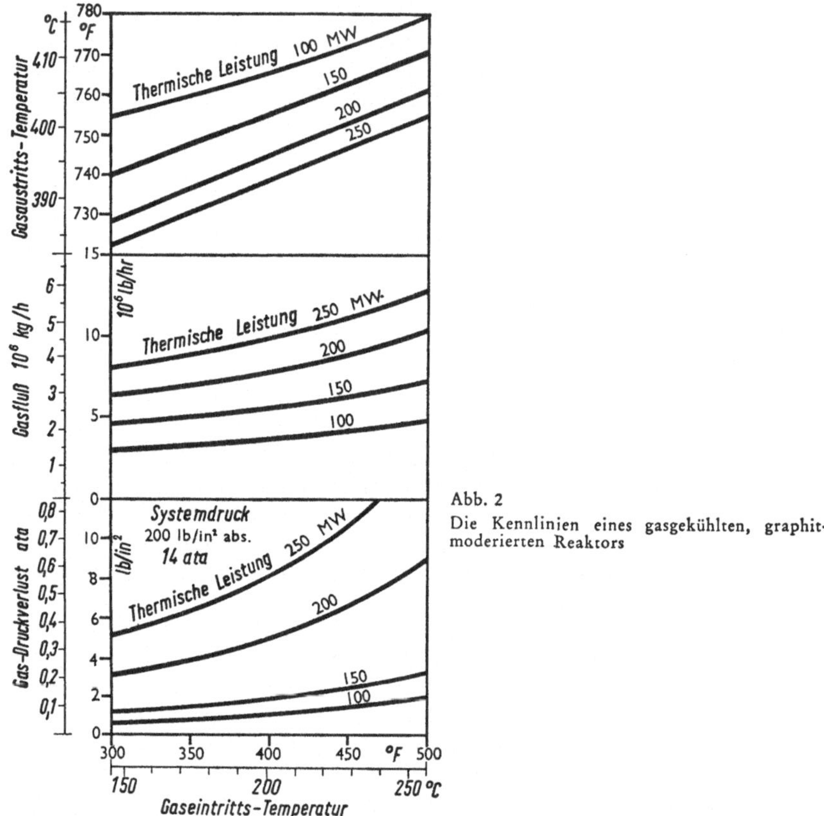

Abb. 2
Die Kennlinien eines gasgekühlten, graphitmoderierten Reaktors

größten, nicht nur bedingt durch die hohe Temperatur (hohe thermische Wirkungsgrade stehen ohne Ausnahme im Zusammenhang mit hohen Temperaturen), sondern auch, weil der Energieverbrauch der Kühlmittelumwälzgebläse am geringsten ist. Andererseits tritt bei der höchsten Wärmeleistung die niedrigste Gasaustrittstemperatur und gleichzeitig der höchste Druckverlust im Reaktor auf. Hier wäre dann der entsprechende thermische Wirkungsgrad des Dampfkreislaufs am geringsten, obwohl die elektrische Nettoleistung der Anlage natürlich bedeutend höher wäre als bei einem Reaktor, der mit einer Wärmeleistung von nur 100 MW betrieben wird. Da die Kapitalkosten

4

für einen bestimmten Reaktor von der Festlegung seiner Wärmeabgabe fast unabhängig sind und einen beachtlichen Anteil der Gesamtkosten einer Kernkraftanlage ausmachen, dürfte zu erwarten sein, daß höhere elektrische Abgabeleistungen niedrigste Kapitalkosten pro installiertes kW_{net} und geringste Erzeugungskosten je abgegebene Einheit zur Folge haben, und zwar das letztere *trotz* des schlechten thermischen Wirkungsgrades der Anlage.

Es ist eines der Hauptziele der Dampfkreislauf-Analyse, bei der Auswahl der zweckmäßigsten Konstruktions- und Betriebsverhältnisse für einen gegebenen Reaktorkern mitzuwirken. Besonders eingehend werden dabei untersucht:

a) die thermische Beanspruchung des Reaktors,

b) die Auswirkung von Änderungen der Gaseintrittstemperatur,

c) die Verwendung des Ein- oder Mehrdruck-Dampfkreislaufs,

d) die Anwendung von Zwischenüberhitzung und Speisewasservorwärmung,

e) die Verteilung des Druckverlustes des Gases im Reaktor, Wärmeaustauscher und in den Gasleitungen,

f) die Grädigkeit an der Stelle der geringsten Temperaturdifferenz innerhalb der Wärmeaustauscher.

Der Eindruck-Dampfkreislauf

Beim Dampfkreislauf des Eindruck-Systems (Abb. 3) hängt der erreichbare Dampfdruck – jeweils für festgelegte Ein- und Austrittstemperatur des Kühlgases am Reaktor – von der Speisewassertemperatur und von der Temperaturdifferenz zwischen Gas und Wasser am Gasaustritt aus dem Verdampferteil des Wärmeaustauschers ab (Punkt A). Die höchsten Dampfdrücke haben

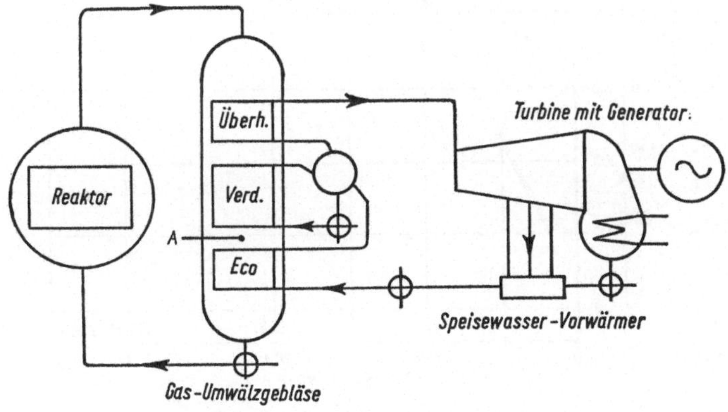

Abb. 3 Der Eindruck-Dampfkreislauf

wir bei der minimalen Temperaturdifferenz und wenn keine Speisewasservorwärmung stattfindet. Die minimale Temperaturdifferenz bedingt jedoch große Heizflächen im Wärmeaustauscher; hierdurch steigen die Kapitalkosten an, und gleichzeitig vergrößert sich der Druckverlust im Gassystem, was wiederum eine Erhöhung des Energieverbrauchs der Umwälzgebläse bedeutet. Die Speisewasservorwärmung hätte auch hier den für den Wirkungsgrad bei Dampfkreisläufen gewohnten günstigen Einfluß, wenn nicht der niedrige Dampfdruck damit verbunden wäre.

Abbildung 4a zeigt ein Temperatur-Wärme-Diagramm für einen typischen Wärmeaustauscher. Die Gaseintrittstemperatur liegt bei 400 °C, die Austrittstemperatur bei 177 °C. Die Temperatur des Speisewassers liegt beim Eintritt in den Vorwärmer bei 38 °C, wird dann im Vorwärmer bis zur Sättigung gesteigert und nähert sich dann an diesem Punkt – dem Punkt der geringsten Temperaturdifferenz – bis auf etwa 17 °C der Gastemperatur.

Die Verdampfung findet bei einem konstanten Druck von 24 ata und einer Temperatur von 220 °C statt, anschließend wird der Dampf überhitzt bis zu einer Temperatur, die sich wiederum der Temperatur des eintretenden

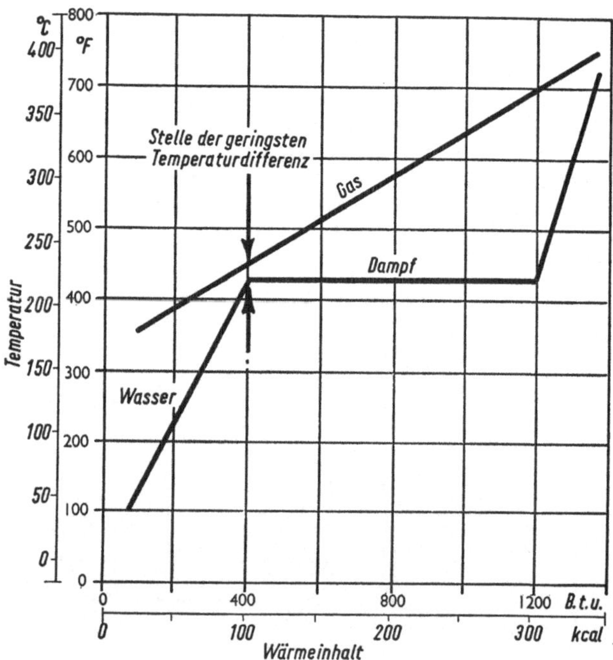

Abb. 4a   Temperatur-Wärme-Diagramm: Eindruck-Kreislauf ohne Speisewasservorwärmung

Gases bis auf etwa 17 °C nähert. Aus dem Diagramm ist ohne weiteres zu ersehen, daß sich ein Dampfdruck einstellt, der der Sattdampftemperatur entspricht, die in diesem Fall um 17 °C niedriger liegt als die Gastemperatur am Punkt der geringsten Temperaturdifferenz.

Abb. 4b ist ein Temperatur-Wärme-Diagramm für die gleichen Gaszustände. Das Speisewasser tritt jedoch mit etwa 150 °C ein. Da jetzt weniger Wärme im Vorwärmer zugeführt werden muß, liegt der Punkt der geringsten Temperaturdifferenz schon bei einer niedrigeren Gastemperatur. Die Verdampfung findet also bei einer niedrigeren Temperatur statt, und wir haben deshalb einen niedrigeren Dampfdruck.

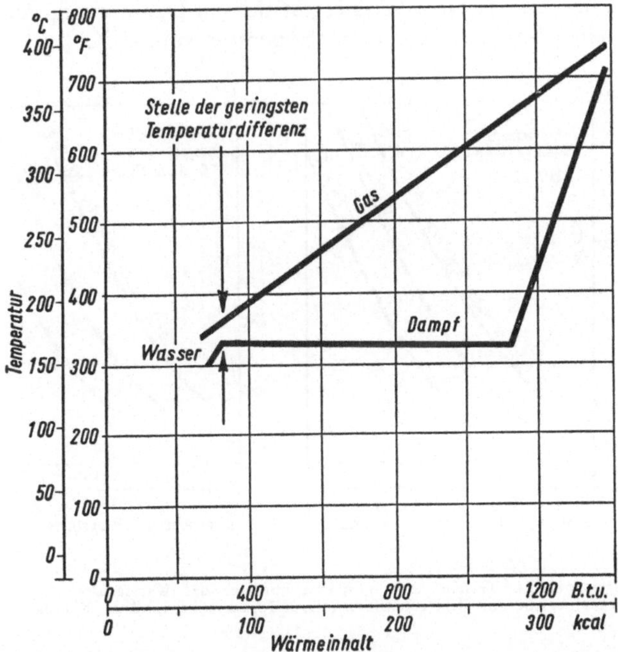

Abb. 4 b Temperatur-Wärme-Diagramm: Eindruck-Kreislauf mit Speisewasservorwärmung

Da nun bestimmte Beziehungen bestehen zwischen der Gastemperatur, der Grädigkeit (d. h. der geringsten Temperaturdifferenz), der Speisewassertemperatur und dem erreichbaren Dampfdruck, sollen hier noch einige Diagramme gezeigt werden, um die Wechselbeziehungen dieser Werte zu veranschaulichen.

Abb. 5a ist ein typisches Beispiel. Die Temperatur des eintretenden Gases ist hier 370 °C, die Grädigkeit sowohl am Punkt der geringsten Temperaturdifferenz als auch am Überhitzeraustritt beträgt 17 °C. Das Gas soll Kohlendioxyd sein. Man erkennt jetzt, daß man zum Beispiel bei einer Temperatur des aus dem Wärmeaustauscher austretenden Gases von 177 °C, einen Dampf von 18 ata erzeugen kann, wenn man eine Speisewassereintrittstemperatur von 38 °C wählt. Bei einer Speisewassereintrittstemperatur von 94 °C stellt sich der Dampfdruck nur auf 11,5 ata ein. Die Abb. 5b ist ein weiteres Beispiel. Das Gas tritt hier mit einer Temperatur von 400 °C ein, die Grädigkeit ist die gleiche. Jetzt würde es möglich sein, bei einem mit 177 °C austretenden Gas einen Dampfdruck von 22,5 ata zu erzeugen, wenn man Wasser von 38 °C einspeist. Entsprechend ergibt sich ein Dampfdruck von nur etwa 14 ata bei einer Speisewassereintrittstemperatur von 94 °C.

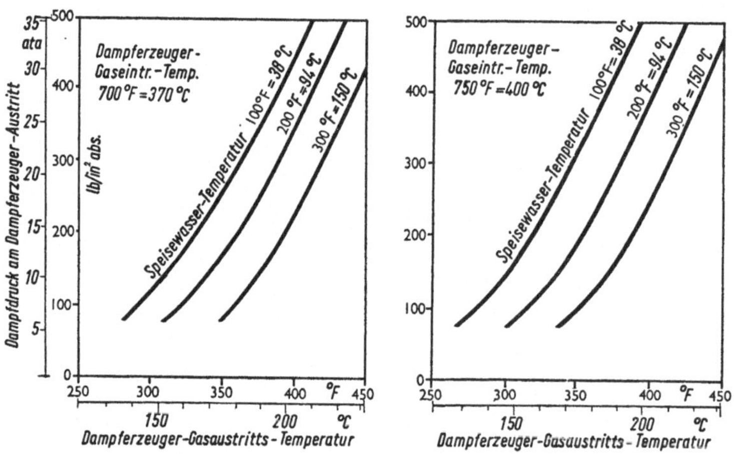

<table>
<tr><td>Abb. 5 a</td><td>Abb. 5 b</td></tr>
</table>

Die Beziehungen zwischen Gasein- und -austrittstemperatur des Wärmeaustauschers, Speisewassertemperatur und dem erreichbaren Dampfdruck beim Eindruck-Kreislauf

In dieser Reihe von Diagrammen, die sich mit geringem Zeitaufwand anfertigen lassen, wurden die verschiedenen Grädigkeiten einbezogen, weil die Bestimmung der vorteilhaftesten Grädigkeit auch im Hinblick auf die Wärmeaustauscher-Konstruktion erfolgen soll. Es ist einleuchtend, daß hier besonders die Art der vorgesehenen Heizfläche und ihre räumliche Anordnung eine wichtige Rolle spielen. Es würde jedoch über den Rahmen dieses Buches hinausgehen, dieses Thema hier zu untersuchen, und es dürfte genügen, wenn an dieser Stelle gesagt wird, daß eine Grädigkeit zwischen 10 und 20 °C bei der Auslegung des Dampfkreislaufes wirtschaftlich sein dürfte.

Eine zweite Reihe von Diagrammen soll die Zusammenhänge zwischen den erreichbaren Dampfzuständen, den gegebenen Gasein- und -austrittstemperaturen und dem Gesamtwirkungsgrad des Kreislaufs klären. Die Diagramme 6a und 6b sind für Dampftemperaturen von 370 °C und 427 °C gezeichnet. Ferner wurden folgende Annahmen gemacht: Das Kondensator-Vakuum ist 0,03 ata, der Wirkungsgrad der Trockenstufe ist 86 %, die Wirkungsgrade der Naßstufen (die natürlich wegen des erhöhten Feuchtigkeitsgehaltes am Turbinenaustritt abfallen, wenn der Dampfdruck ansteigt) sind veränderlich, wie in Anhang III beschrieben; die mechanischen, elektrischen und anderen Verluste summieren sich auf 5 %.

Mit den Abb. 5 und 6 haben wir die Möglichkeit, uns z. B. einen Reaktor vorzustellen, der ein Gas mit einer Temperatur von 388 °C abgibt, welches im Wärmeaustauscher auf 171 °C heruntergekühlt wird. Durch Interpolation zwischen Abb. 5a und 5b finden wir den erreichbaren Dampfdruck von 18 ata, wenn Speisewasser von 38 °C eingespeist wird. Berücksichtigt man einen geringen Druckabfall in den Verbindungsleitungen vom Wärmeaustauscher zur Turbine, so ergibt sich aus Abb. 6a ein Gesamtwirkungsgrad des Dampfkreislaufs von 27,8 %. Alternativ könnte der Dampfdruck 10,5 ata betragen, wenn Speisewasser von 94 °C eingespeist würde.

Der Gesamtwirkungsgrad des Kreislaufs wäre 27,7 %. Dieses Beispiel veranschaulicht deutlich die schon vorhin bemerkte Tatsache, daß die Speisewasservorwärmung nicht den bei flüchtiger Untersuchung des Problems erwarteten günstigen Einfluß hat. Jeder Vorteil, der sich durch die höhere Speisewassertemperatur erzielen läßt, wird durch den damit zusammenhängenden niedrigen Dampfdruck zunichte gemacht. Die Speisewasservorwärmung hat jedoch eine praktische Verwendung, auf die hier später noch eingegangen wird.

Der auf diese Weise erreichte *Gesamt*wirkungsgrad des Dampfkreislaufs bedeutet natürlich recht wenig, wenn man sich daran erinnert, daß das Hauptziel der Auslegung eines Kreislaufs die Erreichung einer maximalen elektrischen *Netto*leistung ist, wobei man unter Nettoleistung die Abgabeleistung nach Abzug des Energieverbrauches der Umwälzgebläse und anderer Hilfseinrichtungen versteht. Nochmals zurückgehend zu Abb. 2 erkennt man, daß das eben angeführte spezielle Beispiel – Reaktoraustrittstemperatur 388 °C, Eintrittstemperatur 177 °C[1]) – sich auf eine Wärmeleistung von 250 MW, einen Gasfluß von $3{,}99 \times 10^6$ kg/h und einen Druckabfall des Gases im Reaktor von 0,435 ata bezieht. Geht man von der Annahme aus, daß sich der Gesamtdruckverlust in 60 % für den Reaktor und 40 % für den äußeren Kreislauf einschließlich Dampferzeuger aufteilt, so ergibt sich ein Gesamtdruckverlust für das System von 0,73 ata. Das spezifische Volumen des Gases

---

1) Durch die Druckerhöhung im Gebläse ist die Reaktoreintrittstemperatur um ca. 6 °C höher als die Wärmeaustauscher-Austrittstemperatur.

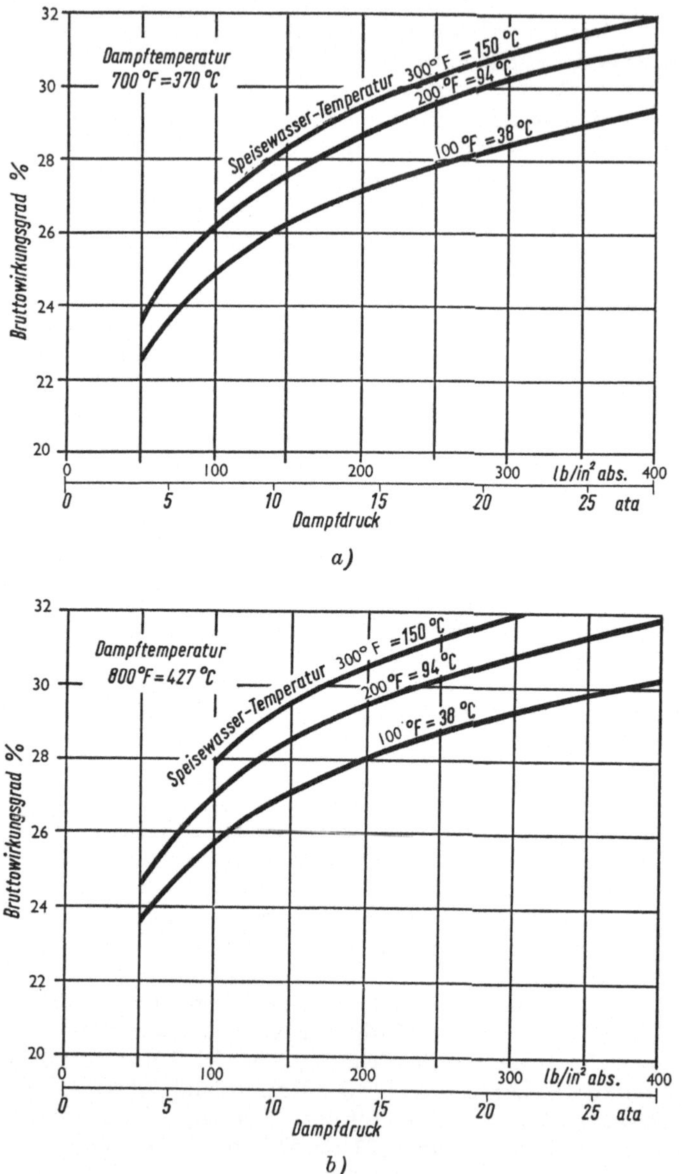

Abb. 6 Die Beziehungen zwischen Dampfdruck, Speisewassertemperatur und Dampfkreislauf-Gesamt-wirkungsgrad

am Reaktoreintritt – wo normalerweise die Gebläse angeordnet sind – beträgt 0,0615 m³/kg. Der Wirkungsgrad des Gebläses soll 80 % betragen.

Aus diesen Werten kann für die hier vorliegenden geringen Druckunterschiede die Leistungsaufnahme der Gebläse nach folgender Formel berechnet werden:

$$N_{\mathrm{kW}} = \frac{G \cdot \Delta p \cdot v}{0,36 \cdot 102 \cdot \eta}$$

darin bedeuten:

G = Durchsatzvolumen in kg/h

p = Druckverlust in at

v = Spezifisches Volumen in m³/kg

η = Wirkungsgrad des Gebläses

in obige Formel eingesetzt erhalten wir:

$$N_{\mathrm{kW}} = \frac{3,99 \cdot 10^8 \cdot 0,73 \cdot 0,0615}{0,36 \cdot 102 \cdot 0,8} = 6100 \ \mathrm{kW}$$

Die Leistungsaufnahme der Gebläse kann auch aus Abb. 7 leicht abgelesen werden. Das Diagramm basiert auf einem Gesamtwirkungsgrad der Gebläse

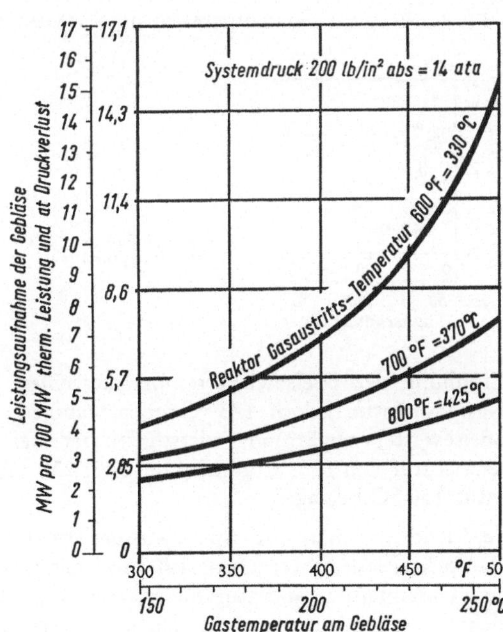

Abb. 7

Die Beziehungen zwischen dem Energieverbrauch der Gebläse und der Gasein- und -austrittstemperatur des Reaktors

von 80 % und einem Systemdruck von 14 ata. Fast der gesamte Energieverbrauch der Gebläse erscheint als Wärme im Gas und muß deshalb zur Wärmeleistung des Reaktors hinzugefügt werden, um so die gesamte Wärmezufuhr zum Dampfkreislauf zu erhalten. Die elektr. Nettoleistung für dieses spezielle Beispiel kann jetzt wie folgt ermittelt werden:

Thermische Leistung des Reaktors	250 MW
Durch die Gebläse zugeführte Wärme (95 % von 6,1 MW)	5,8 MW
Wärmezufuhr zum Dampfkreislauf	255,8 MW
Elektrische Bruttoleistung bei einem Gesamtwirkungsgrad von 28,7 %	71 MW
Energieverbrauch der Gebläse	6,1 MW
	64,9 MW
Andere Hilfseinrichtungen (5 %)	3,3 MW
Elektrische Nettoleistung	61,6 MW
Thermischer Nettowirkungsgrad	24,6 %

Die Auswirkung der Speisewasservorwärmung kann für jeden einzelnen Fall durch die vorhin gezeigte Methode ermittelt werden. Das typische Ergebnis für einen Reaktor mit einer thermischen Leistung von 250 MW zeigt Abb. 8. Wird die Gastemperatur am Reaktoreintritt erhöht, dann bringt die

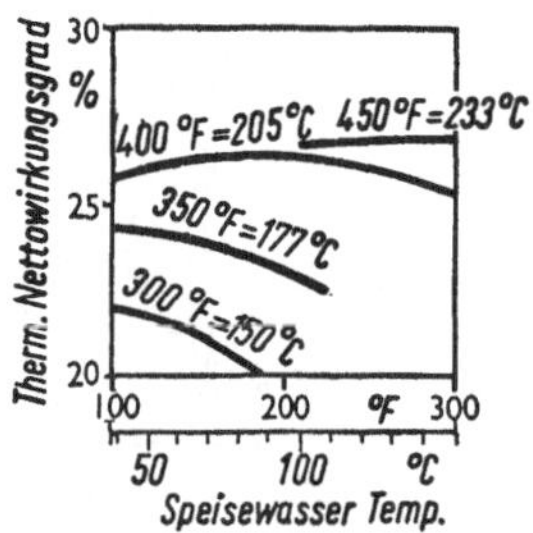

Abb. 8

Der Einfluß der Speisewasservorwärmung auf den Wirkungsgrad des Dampfkreislaufs

Erhöhung der Speisewassertemperatur einen leichten Vorteil; beträgt die Gastemperatur jedoch 175 °C oder weniger, dann ist der Kreislauf ohne Speisewasservorwärmung wirtschaftlicher; bei 200 °C ist eine Speisewassertemperatur von 100 °C günstig, und bei 230 °C kann die Speisewassertemperatur 150 °C betragen.

Berücksichtigt man die Speisewasservorwärmung sowie den geeignetsten Dampfkreislauf, so ergeben sich für irgendeine bestimmte Reaktorleistung und Gaseintrittstemperatur die in Abb. 9 gezeigten Werte. Wenngleich die elektrische Bruttoleistung der Turbogeneratoren bei Erhöhung der Reaktoreintrittstemperatur gleichmäßig ansteigt, ist dies bei der Nettoleistung wegen des stark ansteigenden Energieverbrauchs der Gebläse nicht der Fall. Die Kurven zeigen, daß für einen Dampfkreislauf die günstigste Reaktoreintrittstemperatur in der Mitte des Bereichs zwischen 200 °C und 230 °C liegt, wahrscheinlich sogar noch näher bei der unteren Temperatur, denn die steigenden Kapitalkosten bei höheren Temperaturen werden kaum durch die

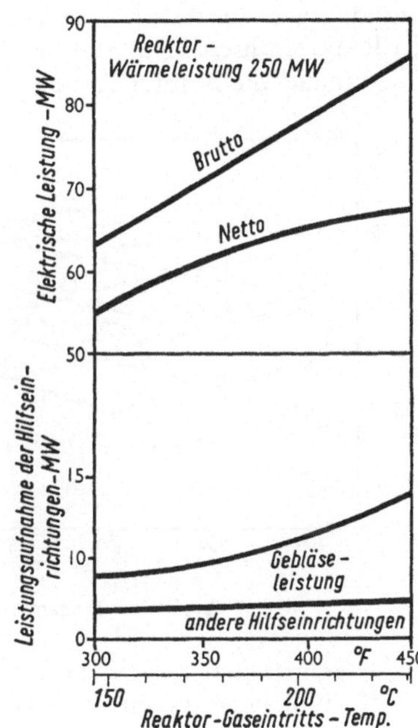

Abb. 9

Die Beziehung zwischen Gaseintrittstemperatur am Reaktor und elektrischer Nettoleistung

Erhöhung der elektrischen Leistung wettgemacht. Es liegt jedoch nicht im Bereich dieser Schrift, die einzelnen Schritte der Kostenberechnung zu beschreiben, die zur Optimalisierung der Wirtschaftlichkeitsrechnung anzustellen sind. Zweck der Dampfkreislauf-Analyse ist es vielmehr, dem Kraftwerkskonstrukteur einen Überblick der geeignetsten Dampfzustände zu bieten. Der Konstrukteur gibt dann seinerseits die Entwürfe an den Kalkulator. Viele praktische Überlegungen sind notwendig, ehe die endgültige Festlegung erfolgt. Hierzu gehören z. B. Untersuchungen über den Einfluß der Höhe des Druckverlustes im Reaktor im Verhältnis zum Druckverlust im äußeren System; dieses Verhältnis haben wir vorerst mit 60 : 40 angenommen.

In den vorliegenden Beispielen wurde von einer bereits festgelegten Reaktorkonstruktion ausgegangen, um die Beschreibung der Dampfkreislauf-Analyse zu vereinfachen. Häufiger besteht die Aufgabe jedoch darin, bei der Festlegung der Reaktorkonstruktion selbst behilflich zu sein. Der Reaktorkonstrukteur geht bei seiner Arbeit vom Spaltstoffelement aus. Es stehen ihm dabei die Werte über das Verhalten des Elementes in einer Anzahl von Kanälen verschiedener Durchmesser zur Verfügung. Aus diesen Werten, die auf dem Versuchsstand ermittelt werden, errechnet er sich das Verhalten des Spaltstoffelementes im Betriebszustand, d. h. für eine sinusförmige oder für eine dagegen absichtlich verzerrte Verteilung der Wärmeproduktion längs der Reaktorachse. Er hat also für ein gegebenes Spaltstoffelement eine Anzahl Diagramme, die in ihrer Art dem Diagramm Abb. 10 gleichen. Alle basieren

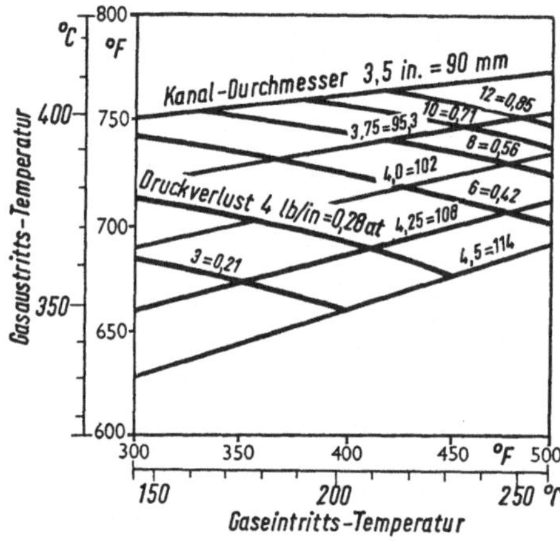

Abb. 10
Leistungskenngrößen eines Spaltstoffelementes bei konstantem Kühlmitteldruck und konstanter Länge des Spaltstoffkanals

auf einer maximal zulässigen Spaltstoffelement-Oberflächentemperatur von 450 °C und einer maximal zulässigen Temperatur im Innern des Urans von 580 °C.

Jedes Diagramm ist für eine andere Kanallänge gezeichnet, z. B. in einem typischen Fall für 6,0; 7,6; 9,1 m und jedes daher auch für eine unterschiedliche Wärmeabgabe des Kanals, um der Forderung nach einer maximal zulässigen Uran-Temperatur zu entsprechen.

Durch Anwendung einer Methode, ähnlich der vorhin beschriebenen, ist es jetzt möglich, den Einfluß einer Änderung der Kanallänge und des Durchmessers zu ermitteln. So gibt z. B. bei gleicher Gaseintrittstemperatur ein Kanal einer bestimmten Länge mit einem kleinen Durchmesser ein Gas höherer Temperatur ab, als ein Kanal gleicher Länge mit größerem Durchmesser. Der Kanal mit dem kleineren Durchmesser hat natürlich einen höheren Druckverlust. Die Frage, ob der thermodynamische Vorteil der höheren Gastemperatur den Nachteil des höheren Druckverlustes ausgleicht, kann durch Anwendung der Dampfkreislauf-Analyse gelöst werden. In Abb. 10

können mehrere Punkte auf der Linie des konstanten Kanaldurchmessers 90 mm untersucht werden; dies geschieht in der gleichen Weise, wie es bereits für die Linie der konstanten Reaktorleistung beschrieben wurde.

Das Ergebnis ist eine Kennlinie, die mit der in Abb. 9 dargestellten verwandt ist. Wiederholt man den Vorgang mit den Linien der anderen Kanaldurchmesser, so kann man die mögliche Nettoabgabeleistung eines jeden Kanals ermitteln. An Hand dieser Unterlagen kann der Reaktorkonstrukteur die Abmessungen des Reaktorkerns, die Anzahl der Kanäle usw. festlegen, die vom kernphysikalischen Standpunkt aus gesehen erforderlich sind, um die Nettoleistung der Gesamtlage zu gewährleisten.

Der Zweidruck-Dampfkreislauf

Bezogen auf die Flußrichtung des Gases besteht der Zweidruck-Kreislauf (Abb. 11) aus einem in Reihe geschalteten Hochdruck- und Niederdruckdampfkessel; während der Hochdruckdampf zum Turbineneintritt geführt

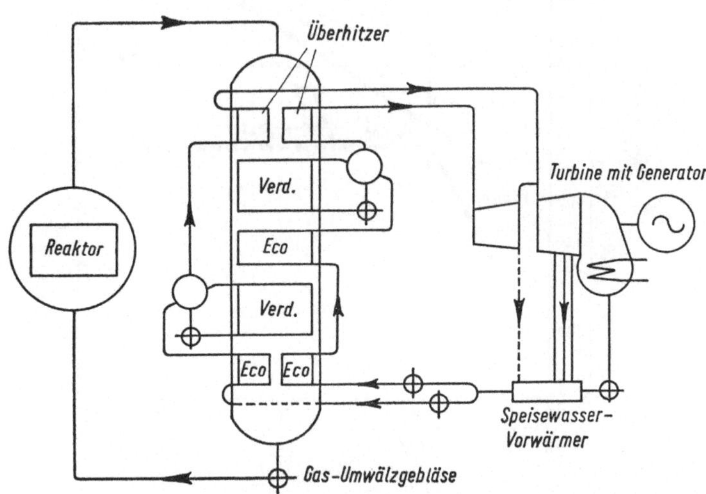

Abb. 11   Zweidruck-Dampfkreislauf

wird, geht der Niederdruckdampf zu der entsprechenden Stelle im Niederdruckteil der Turbine. Es wurde bereits darauf hingewiesen, daß der erreichbare Dampfdruck merklich von der Temperatur des aus dem Verdampferteil austretenden Gases beeinflußt wird, ebenfalls wurde erläutert, daß hohe Drücke im Zusammenhang mit hohen Gastemperaturen stehen, die hohen Gastemperaturen jedoch den Energieverbrauch der Gebläse steigern. Im Zweidruck-Dampfkessel kann die Temperatur des aus dem Hochdruckteil austretenden Gases bedeutend höher sein, als mit Rücksicht auf den Energie-verbrauch der Gebläse eigentlich zugelassen werden dürfte. Die Aufgabe des Niederdruckteils besteht dann darin, das Gas sozusagen „auf die gewünschte Gebläsetemperatur abzukühlen".

Auf diese Weise können beträchtliche Mengen Hochdruckdampf erzeugt wer-den, der Druck erreicht dabei die vier- oder fünffache Höhe des sonst erreich-baren Druckes.

Abb. 12 zeigt das Temperatur-Wärme-Diagramm eines typischen Zweidruck-wärmeaustauschers. Es treten jetzt, neben denen an den Überhitzeraustritten, zwei weitere Punkte der geringsten Temperaturdifferenz auf. Wiederum

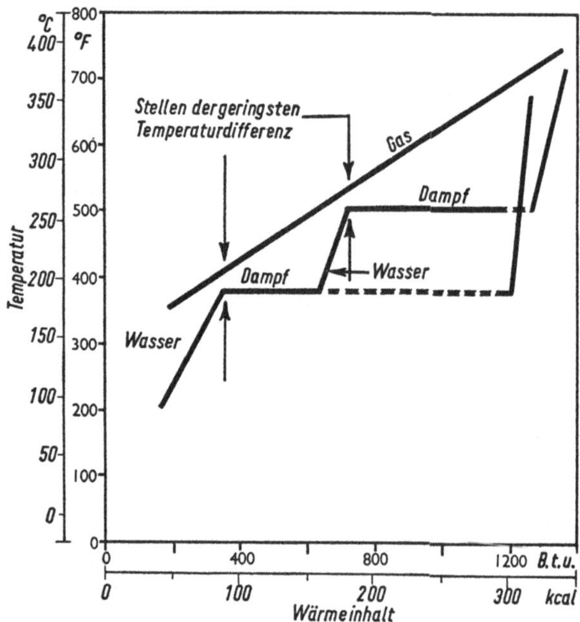

Abb. 12 Temperatur-Wärme-Diagramm: Zweidruck-Kreislauf mit Speisewasservorwärmung

haben wir ganz bestimmte Beziehungen zwischen den Gastemperaturen, den Grädigkeiten, der Speisewassertemperatur und den erreichbaren Dampf-drücken. Eine weitere Beziehung besteht zwischen diesen und den relativen Anteilen von Hoch- und Niederdruckdampf. Die Abb. 13a zeigt eine typi-sche Lösung dieser Beziehungen, wobei folgende Werte zugrunde gelegt wer-den: Verhältnis der Dampfdrücke Hochdruck zu Niederdruck stets 4 : 1; Punkte der geringsten Temperaturdifferenz 17 °C bzw. an den Überhitzeraustritten 11 °C; Gas-Eintrittstemperatur 370 °C. Die Abb. 13b unterscheidet sich nur durch die Gas-Eintrittstemperatur, die hier mit 400 °C zugrunde gelegt wurde. Durch Interpolation zwischen Abb. 13a und 13b zeigt sich z. B., daß bei einer Gaseintrittstemperatur von 388 °C, einer Gasaustrittstemperatur von 171 °C und einer Speisewassertemperatur von 38 °C, ein Dampfdruck im Niederdruckteil von 18 ata zu erreichen ist. Dies ist das gleiche schon in Verbindung mit dem Eindruck-Kreislauf beschriebene Beispiel, wobei sich der gleiche Dampfdruck ergab.

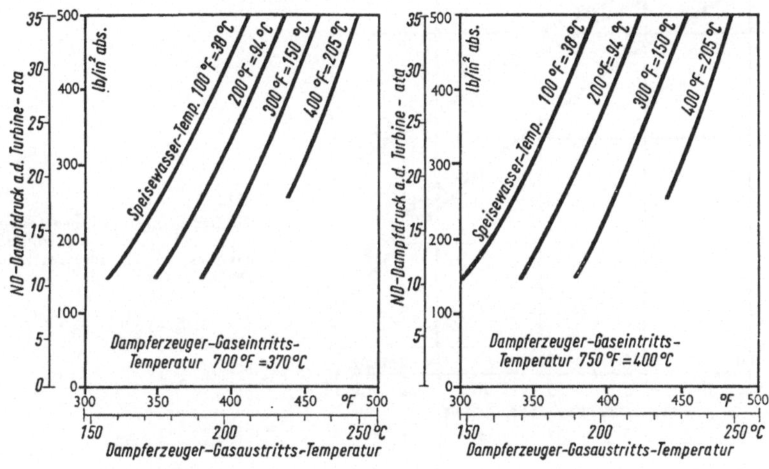

Abb. 13 a   Abb. 13 b

Zweidruck-Kreislauf: Typische Beziehungen zwischen Wärmeaustauscher-Gasein- und -austrittstemperaturen und dem zu erreichenden Dampfdruck

Bedenkt man nun, daß bei dem gegenwärtigen Beispiel der Hochdruckdampf 18 · 4 = 72 ata ist, so offenbart sich sogleich der Vorteil des Zweidruck-Kreislaufs. In Abb. 13c ist für das gleiche Beispiel ein Anteil des Hochdruckdampfes von 56 % zu entnehmen. Nimmt man wiederum den Fall eines Wärmeaustauschers mit einer Eintrittstemperatur von 393 °C und einer Austrittstemperatur von 205 °C, so würde man mit einem Eindruck-Kreislauf bei einer Speisewassertemperatur von 150 °C einen Druck von 17 ata erreichen, ein Zweidruck-Kreislauf jedoch gäbe den gleichen Druck im Niederdruckteil ab, aber beinahe 60 % der gesamten Dampfmenge würde mit einem Druck von 67,5 ata abgegeben (bei gleicher Speisewassereintrittstemperatur).

Mit Diagrammen, wie den in Abb. 13a, b und c wiedergegebenen, ist es möglich, für jede Reaktor-Gastemperatur die passenden Zustände des Zweidruck-

Dampfkreislaufs zu bestimmen. Die anschließende Untersuchung dieser Zustände im Hinblick auf die abgegebene elektrische Leistung ist jedoch weit komplizierter. Zur Vereinfachung des Vergleichs der Kreisläufe läßt sich jedoch die Zweidruck-Turbine in Form zweier getrennter Maschinen behandeln: die *erste* nimmt mit hohem Druck einen bestimmten Anteil der gesam-

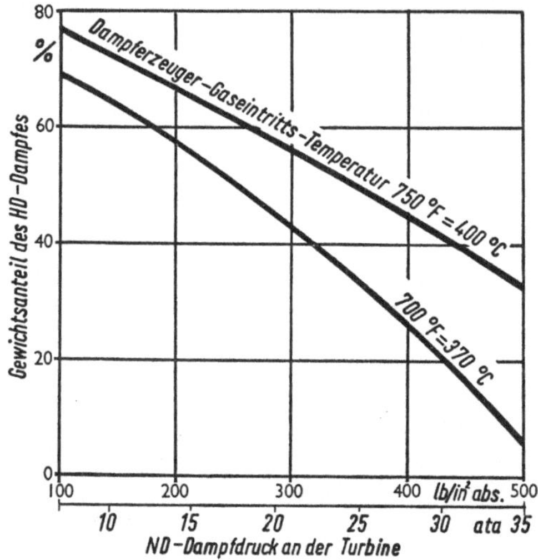

Abb. 13 c
Die Beziehungen zwischen Dampfdruck und Anteil des Hochdruckdampfes im Zweidruckkreislauf; Druckverhältnis 4 : 1

ten Dampfmenge auf, während die *zweite* den gesamten Dampf mit niedrigerem Druck verarbeitet. Der Wirkungsgrad der letzteren kann aus den Diagrammen Abb. 6a und 6b entnommen werden, wenn diese für den jetzt auftretenden niedrigeren Temperaturbereich entsprechend erweitert werden. Die elektrische Leistung der ersteren kann für den jeweiligen Fall errechnet werden; man bedient sich dabei der Dampftafeln und des Mollier-Diagramms, um den Wärmeinhalt und Zustand des Dampfes am Austritt der Hochdruckturbine zu bestimmen.

Weist der Dampf hier eine hohe Feuchtigkeit auf, so wird angenommen, daß die Feuchtigkeit abgeschieden und zum Speisewasservorwärm-System zurückgeführt wird; der Rest vermischt sich mit dem eintretenden Niederdruckdampf. Es wird jetzt eine mittlere Gesamtwärme errechnet und daraus leitet man die gewünschte Temperatur am Eintritt der Niederdruckturbine ab.

Nimmt man wiederum den Fall des Wärmeaustauschers mit den Gastemperaturen von 388 °C am Eintritt bzw. 171 °C am Austritt, so ersieht man aus den Abb. 13a, b und c, daß 63 % der gesamten Dampfmenge bei 55 ata und der Rest bei 14 ata erzeugt werden kann, wenn das Wasser mit 65 °C eingespeist wird. Die Dampftemperaturen sind hierbei für Hochdruck 377 °C, für Niederdruck 360 °C. Die mittlere Gesamtwärme, die in den Wärmeaustauschern zugeführt wird, kann mit Hilfe der Dampftafeln mit 686 kcal/kg ermittelt werden, die Dampfleistung entsprechend einer zugeführten Wärme von 255,8 MW ist demnach etwa 321 000 kg/h. Die Expansion dieses Dampfes in der Zweidruckturbine zeigt Abb. 14; die Wärme, die in der Hochdruck-

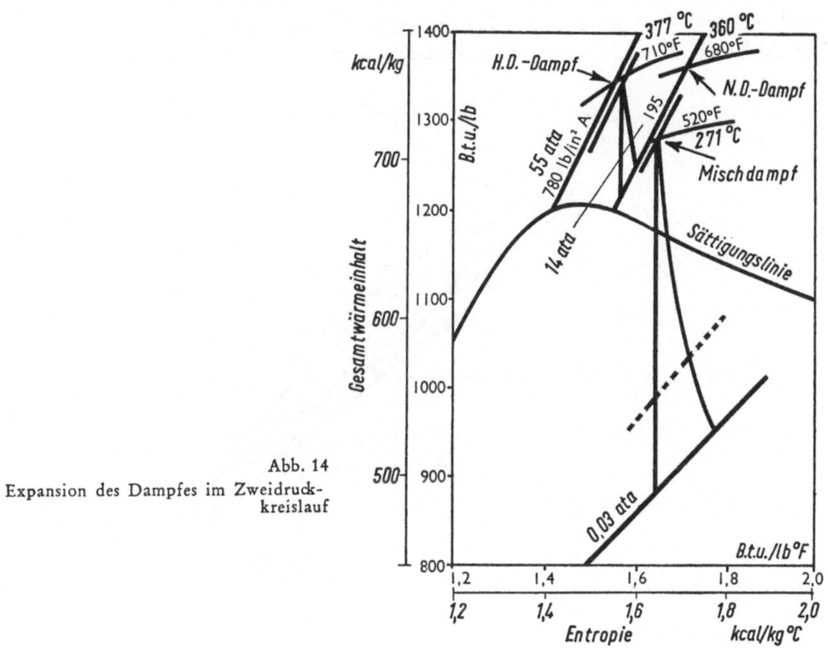

Abb. 14

Expansion des Dampfes im Zweidruck-
kreislauf

turbine in mechanische Energie umgewandelt wird, ist 65 kcal/kg oder 15,2 MW für einen Dampfdurchsatz von etwa 202 kg/h (63 % der Gesamt-Verdampfung). Folglich werden 240,6 MW Wärme weitergeführt zur Niederdruckturbine. Der Wärmeinhalt des Dampfes am Austritt der Hochdruckturbine ist etwa 683 kcal/kg und ergibt mit dem Niederdruckdampf eine gemischte Wärme von etwa 710 kcal/kg und eine Temperatur von 271 °C beim Eintritt in die Niederdruckturbine. Den Wirkungsgrad der Niederdruckturbine ermittelt man mit 26,8 % aus Diagrammen der gleichen Art wie Abb. 6a und 6b.

Die Leistung der Niederdruckturbine ist dann 64,5 MW, dazu wird die Leistung der Hochdruckturbine mit 14,5 MW addiert (nach Abzug der mechanischen, elektrischen und anderen Verluste von insgesamt 5 %) und es ergibt sich eine Brutto-Gesamtleistung von 79 MW. Zieht man jetzt, wie im früheren Beispiel, den Energieverbrauch der Gebläse von 6,1 MW und den der anderen Hilfseinrichtungen von 3,9 MW ab, so erhält man eine elektrische Nettoleistung von 69 MW und damit einen thermischen Netto-Wirkungsgrad von 27,6 %. Das ist beinahe eine Verbesserung von 15 % gegenüber dem Eindruck-Kreislauf.

Die Auswirkung einer Änderung des Druckverhältnisses Hochdruck zu Niederdruck von 4 : 1 zu anderen Druckverhältnissen zeigt das typische Beispiel der Abb. 15, gezeichnet für Gastemperaturen von 360 °C am Eintritt und

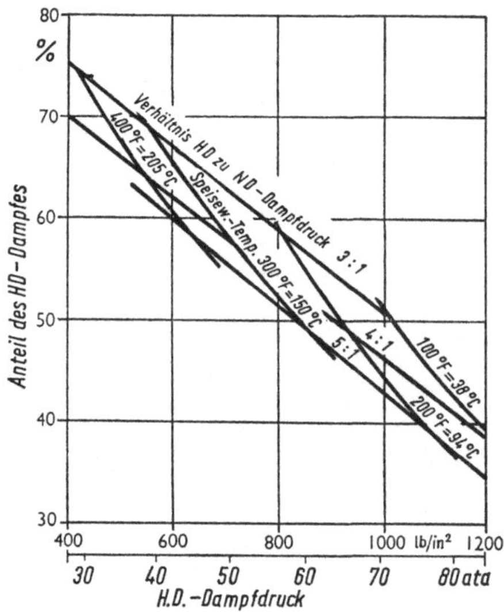

Abb. 15 Die Beziehungen zwischen Hochdruck-Dampfdruck, Anteil des Hochdruck-Dampfes, Speisewassertemperatur und Verhältnis des Hochdruck-Dampfdruckes zum Niederdruck-Dampfdruck

185 °C am Austritt des Reaktors. Man sieht, daß bei festgelegtem Druck des Hochdruckdampfes kleinere Druckverhältnisse mit größeren Anteilen an Hochdruckdampf, aber mit niedrigeren Speisewassertemperaturen verknüpft sind. Geht es um den Wirkungsgrad, so gibt es zwischen den vielen Kombinationen dieses Diagramms wenig auszuwählen. Man kann jedoch mit Hilfe dieses Diagramms die Auswahl der günstigsten Dampfzustände erleichtern, sowohl im Hinblick auf den Entwurf der Wärmeaustauscher als auch für die Konstruktion der Turbinen.

Da in Zukunft die erreichbaren Temperaturen höher liegen werden, ist zu erwarten, daß sich der Vorteil des Zweidruck-Dampfkreislaufs verringert. Der Hauptgrund dafür ist, daß, wenn die Reaktoraustrittstemperatur steigt, die optimale Reaktoreintrittstemperatur ebenfalls steigen wird. Das bedeutet aber, daß wesentlich höhere Dampfdrücke schon mit dem Eindruck-Kreislauf zu erreichen wären. Die Kosten und Komplikationen einer Vervielfachung des Dampfdruckes wie im Zweidrucksystem, würden sich dann kaum noch lohnen. Statt des Zweidrucksystems wird dann wahrscheinlich der Kreislauf mit Zwischenüberhitzung Anwendung finden, da nicht gleichzeitig mit höheren Drücken auch die entsprechend höheren Temperaturen zur Verfügung stehen, was zu übermäßiger Feuchtigkeit am Turbinenaustritt führt.

Der Dampfkreislauf mit Zwischenüberhitzung

Beim Kreislauf mit Zwischenüberhitzung, Abb. 16, wird der Dampf in einem Wärmeaustauscher im Eindruckprozeß erzeugt, im ersten Teil der Turbine expandiert, zum Wärmeaustauscher zurückgeführt und dort noch einmal überhitzt, um anschließend im restlichen Teil der Turbine entspannt zu werden.

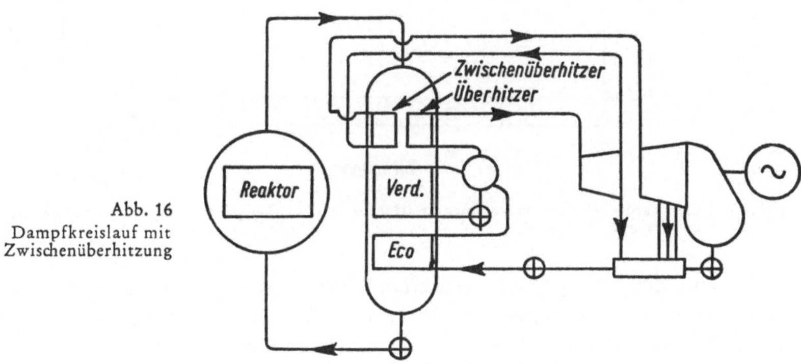

Abb. 16
Dampfkreislauf mit
Zwischenüberhitzung

Typischerweise beträgt der Dampfdruck, bei dem die Zwischenüberhitzung stattfindet, ein Viertel des anfänglichen Dampfdruckes. Es lohnt sich nicht, dieses Druckverhältnis von einem Viertel nach der einen oder der anderen Seite etwas zu verschieben, da das Gesamtwärmegefälle – die Summe von Hochdruck- und Niederdruck-Wärmegefälle – durch eine solche Änderung nicht merklich beeinflußt wird. Ein Kreislauf mit Zwischenüberhitzung mit einem Dampfdruck von 105 ata, bei dem der Dampf auf eine Temperatur von nur 370 °C überhitzt und zwischenüberhitzt wird, ergibt einen annehmbaren Feuchtegehalt am Turbinenaustritt von 13 %. Bei einer Überhitzung und Zwischenüberhitzung auf 400 °C könnte der Dampfdruck auf 126 ata erhöht werden, ohne diesen Feuchtegehalt zu überschreiten.
Die Abb. 17 zeigt ein typisches Temperaturwärmediagramm für einen Zwischenüberhitzungs-Kreislauf. Das Gas tritt hier mit 400 °C ein und mit

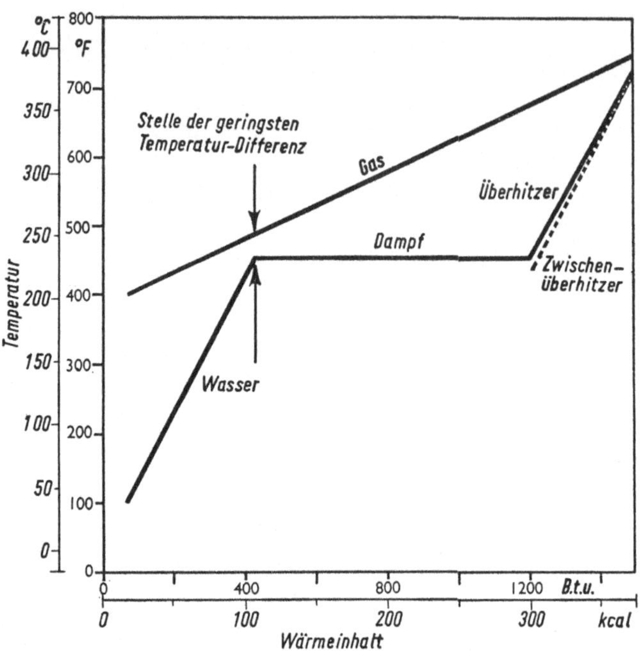

Abb. 17 Temperatur-Wärme-Diagramm: Kreislauf mit Zwischenüberhitzung ohne Speisewasser-vorwärmung

205 °C aus, der Dampf wird bei einem Druck von 28 ata erzeugt und auf 388 °C überhitzt und zwischenüberhitzt. Abb. 18 zeigt die Beziehungen zwischen Gastemperatur, Dampfdruck und Speisewassertemperatur. Gezeichnet ist dieses Diagramm für eine Gaseintrittstemperatur von 370 °C. Es ist jedoch auch für 400 °C anwendbar, da sich die Linien praktisch decken. Ein Vergleich mit den Abb. 5a und 5b zeigt, daß bei jeder gegebenen Gasein- und -austrittstemperatur der erreichbare Dampfdruck im Zwischenüberhitzungskreislauf niedriger als im Kreislauf ohne Zwischenüberhitzung ist. Dies ist einer der Gründe, warum sich die Vorteile, die man von der Zwischenüberhitzung vielleicht erwartet, in Wirklichkeit nicht einstellen.

Ein weiterer Grund ist natürlich der Druckverlust in den Dampfleitungen zwischen Turbine und Zwischenüberhitzer. In welchem Ausmaß der Kreislauf mit Zwischenüberhitzung in Zukunft zur Anwendung kommen kann, wenn die Gastemperaturen am Reaktoraustritt ansteigen, hängt von der Gasdruckverlust-Charakteristik dieser fortgeschrittenen Reaktoren ab.

Höchstwahrscheinlich liegt diese so, daß sie zur Anwendung der entsprechenden Gaseintrittstemperaturen ermutigt, die Abb. 19 zeigt. Wenn dies der Fall

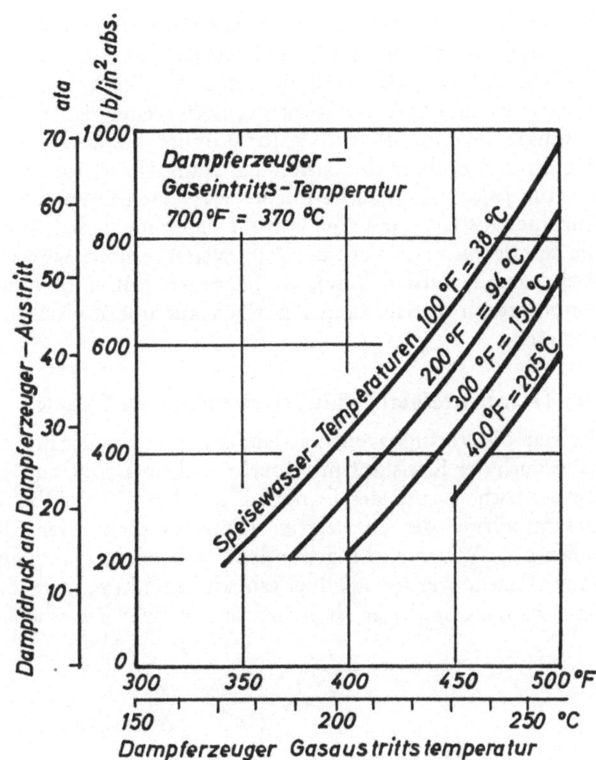

Abb. 18
Die Beziehungen zwischen Gasein- und -austrittstemperaturen des Wärmeaustauschers, Speisewassertemperatur und dem erreichbaren Dampfdruck beim Kreislauf mit Zwischenüberhitzung

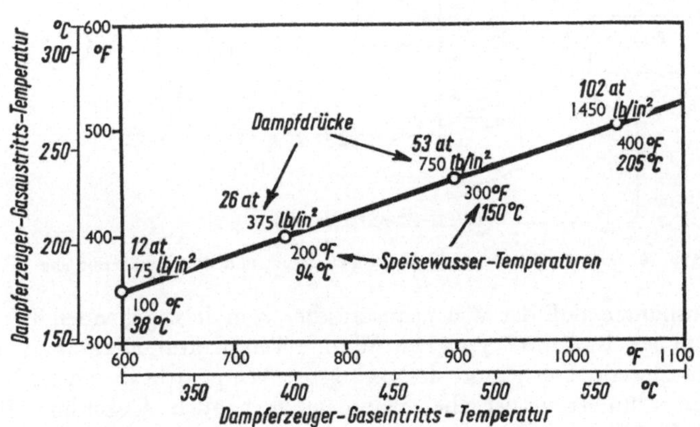

Abb. 19 Wahrscheinlicher Verlauf der Wärmeaustauscher-Gasaustrittstemperatur bei steigender Gaseintrittstemperatur

ist, dann würde der Eindruck-Kreislauf ohne Zwischenüberhitzung ohne Schwierigkeiten hinsichtlich des Feuchtegehaltes am Turbinenaustritt anwendbar sein. Es ist jedoch möglich, daß das Verhältnis zwischen Gasein- und -austrittstemperatur des Reaktors noch steiler sein wird als gezeigt, d. h. die optimale Gaseintrittstemperatur könnte höher liegen. Das wiederum bedeutet, daß zwar auch ein höherer Dampfdruck zu erreichen wäre, die Temperatur jedoch die gleiche bliebe, was einen übermäßigen Feuchtegehalt am Turbinenaustritt zur Folge hätte. Der Druck ließe sich heruntersetzen, indem die Speisewassertemperatur noch weiter erhöht würde, aber was auf diese Weise getan werden kann, ist begrenzt. Für noch höhere Reaktorbetriebstemperaturen dürfte dann der Kreislauf mit Zwischenüberhitzung in Frage kommen.

Der Dampfkreislauf mit überkritischem Druck

Steigen die verfügbaren Gastemperaturen des Reaktors noch weiter an, so kann auch der Kreislauf mit überkritischem Druck zur Anwendung kommen. Der kritische Druck des Dampfes liegt bei 225 ata, bei diesem Druck ist die Gesamtwärme des gesättigten Dampfes gleich der Flüssigkeitswärme des gesättigten Wassers, die gebundene Wärme ist gleich null. Drücke, die noch höher liegen, werden als überkritisch bezeichnet. Ein solcher Kreislauf ist in Abb. 20 dargestellt, er ist identisch mit dem Zwischenüberhitzungskreislauf

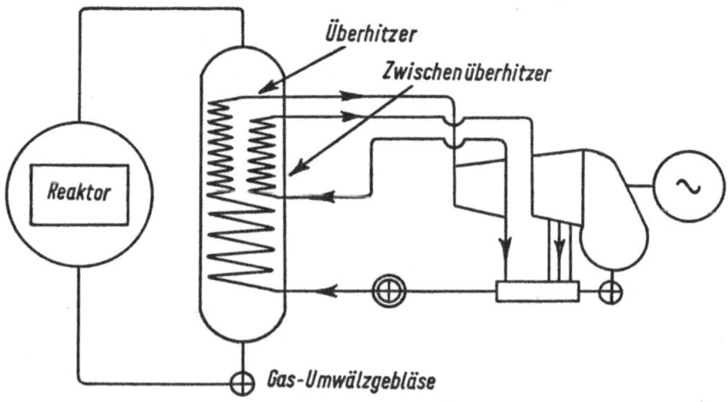

Abb. 20 Dampfkreislauf mit überkritischem Druck und Zwischenüberhitzung

mit der Ausnahme, daß der Wärmeaustauscher vom durchgehenden Typ ohne Dampftrommel ist. Ein typisches Wärme-Temperatur-Diagramm ist in Abb. 21 dargestellt. Der Punkt des geringsten Temperaturabstandes ist jetzt nicht genau definiert, er ist aber trotzdem vorhanden. Gezeichnet ist das Diagramm für einen Kreislauf mit einem Druck von 245 ata und einer Temperatur von 566 °C, die Zwischenüberhitzung findet bei einem Druck von

24

56 ata und einer Temperatur von 365 ° bis 540 °C statt. Die Speisewassertemperatur beträgt 271 °C. Der zu erreichende Wirkungsgrad dieses Kreislaufes liegt bei 40 %.

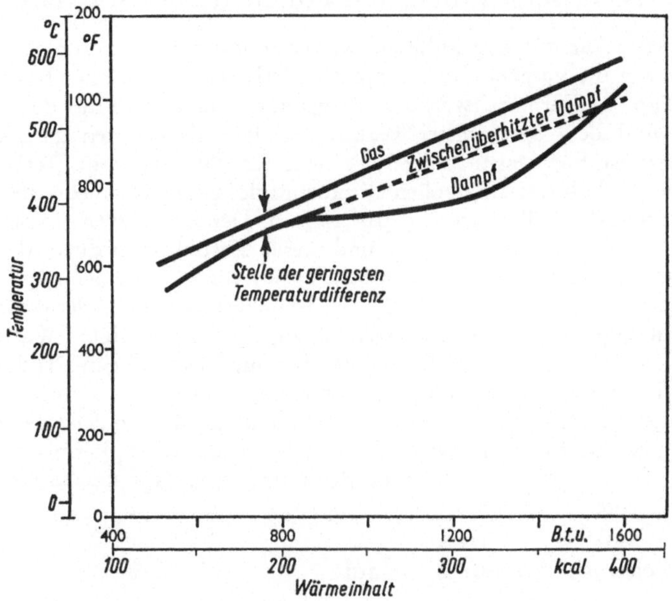

Abb. 21   Typisches Temperatur-Wärme-Diagramm für einen Kreislauf mit überkritischem Druck

III. Das wassergekühlte, wassermoderierte Kernkraftwerk

Die Gruppe der wassergekühlten, wassermoderierten Reaktoren, die sich genauso wie die gasgekühlten, graphitmoderierten Reaktoren als kommerzieller Typ für Kernkraftwerke herausgebildet hat, besteht aus dem Druckwasser- und dem Siedewasser-Reaktor. Anders als bei den gasgekühlten Reaktoren ist hier das Problem der Wärmeabführung vom Reaktorkern wegen der verhältnismäßig hohen Dichte und der guten Wärmeübertragungseigenschaften des Kühlmittels relativ einfach. Der Energieverbrauch für die Kühlmittelumwälzung ist niedrig, und dieser Vorteil kann durch die Erhöhung der mittleren Kühlmitteltemperatur im Reaktor ausgenutzt werden. Andererseits sind aber die verfügbaren Temperaturen dieser Reaktoren begrenzt durch die Drucktemperatur-Abhängigkeit des gesättigten Wassers, bei einem Druck von 140 ata ist die Temperatur nur 335 °C. Beim Druckwasserreaktor ist es sogar notwendig, die Temperatur in einem bestimmten Abstand unter der Sättigungstemperatur zu halten, um die Tendenz des Siedens im Kern zu unterdrücken. Dennoch sind die erreichbaren thermischen Wirkungsgrade sehr attraktiv, besonders mit dem Kreislauf des echten Siedewasserreaktors.

Der Druckwasserreaktor-Kreislauf

In diesem Kreislauf, Abb. 22, zirkuliert das Wasser unter hohem Druck durch den Reaktor und anschließend durch die Wärmeaustauscher. In den Wärmeaustauschern wird dann Sattdampf erzeugt.

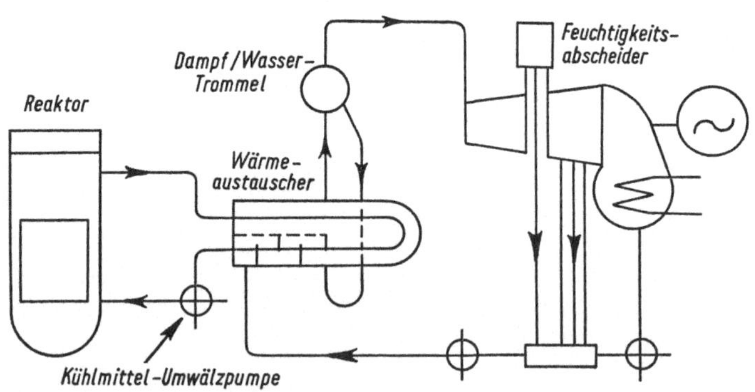

Abb. 22 Dampfkreislauf beim Druckwasserreaktor

Der Sattdampf wird in einer Turbine mit geeigneten Stufen expandiert, wobei dem Dampf Feuchtigkeit entzogen wird, um den Feuchtigkeitsgehalt am Turbinenaustritt in annehmbaren Grenzen zu halten. Aus praktischen Gründen wird die durch den Reaktor zirkulierende Kühlmittelmenge so groß wie möglich gewählt, um auf diese Weise die höchste mittlere Kühlmitteltemperatur zu erreichen, die es ihrerseits ermöglicht, in den Dampferzeugern einen Dampf von höchster Qualität zu erzeugen. Typisch ist ein Kühlmittelfluß von $4,5 \cdot 10^6$ kg/h je 100 MW thermischer Leistung, bei einem Anstieg der Kühlmitteltemperatur von 17 °C im Reaktor. Der Druckverlust im Kühlmittelsystem ist dabei 7 ata und der Energieverbrauch der Umwälzpumpen ungefähr 1,5 MW, das sind etwa 5 % der zu erwartenden elektrischen Leistung der Gesamtanlage.

Die Abb. 23 zeigt das Temperatur-Wärme-Diagramm eines Druckwasserreaktor-Wärmeaustauschers. Das Kühlmittel tritt mit einer Temperatur von 279 °C in den Wärmeaustauscher ein, die Austrittstemperatur beträgt 263 °C.

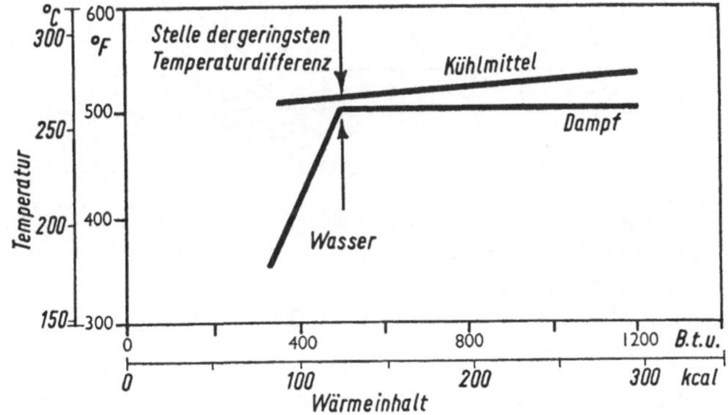

Abb. 23 Temperatur-Wärme-Diagramm für einen Wärmeaustauscher eines Druckwasserreaktors

Der Sattdampf wird bei 49 ata aus Speisewasser von 182 °C erzeugt. Am Punkt des geringsten Temperaturabstandes haben wir wegen der guten Wärmeübergangskoeffizienten auf beiden Seiten des Wärmeaustauschers eine Annäherung auf 5,6 °C. Die Expansion des Dampfes in der Turbine zeigt die Abb. 24. Die Vollinie veranschaulicht eine Turbine, bei der nur ein Feuchtigkeitsabscheider eingebaut ist; die Feuchtigkeit sowohl im Hochdruck- als auch im Niederdruckteil ist 15 %. Der Dampf wird mit 2,8 ata in den Abscheider geführt und dort bis auf 1 % Restfeuchtigkeit getrocknet, ehe er zur Turbine zurückgeführt wird. Die unterbrochene Linie der Abb. 24 zeigt eine Turbine, bei der zwei Feuchtigkeitsabscheider eingebaut sind; mit 12 ata wird der Dampf dem Hochdruckteil entnommen, der Feuchtegehalt ist dann

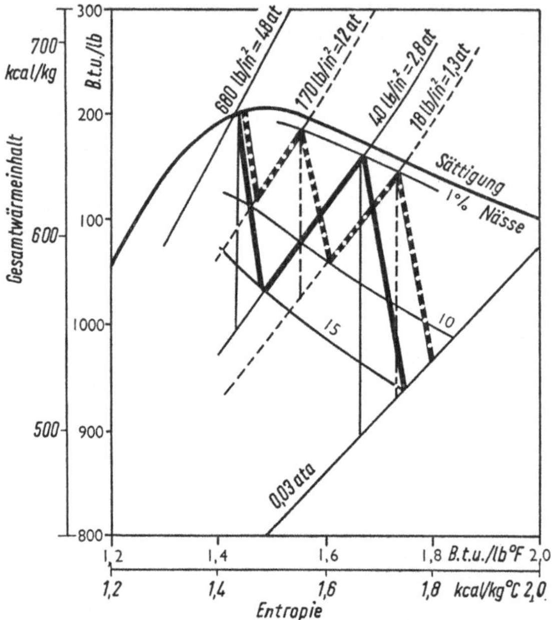

Abb. 24
Entspannung des Dampfes in einem Druckwasserreaktor-Kreislauf

10 %. Der Dampf wird dann bis auf 1 % getrocknet und in der Zwischendruckstufe bis auf 1,26 ata entspannt. Jetzt haben wir einen Feuchtegehalt von 10,5 %; nach nochmaligem Trocknen bis auf 1 % wird der Dampf im Niederdruckteil auf ein Vakuum von 0,03 ata entspannt, wobei sich ein Feuchtegehalt von 12,5 % einstellt.

Der Bruttowirkungsgrad des letzteren Kreislaufs ist 32,5 %, der Nettowirkungsgrad 30 %. Dies entspricht ungefähr dem erreichbaren Wirkungsgrad eines gasgekühlten, graphitmoderierten Kernkraftwerkes mit einer Reaktor-Gasaustrittstemperatur von 400 °C.

Aus Abb. 25 läßt sich der Wirkungsgrad eines Druckwasser-Reaktor-Kreislaufs für einen Dampfdruckbereich von 14 bis 140 ata ablesen. Es handelt sich hier um den Brutto-Wirkungsgrad. Um den Netto-Wirkungsgrad der Anlage zu erhalten, muß der Energieverbrauch der Kühlmittel-Umwälzpumpen und der Eigenbedarf der anderen Hilfseinrichtungen abgezogen werden. Bei einem Dampfdruck von 140 ata – wahrscheinlich der höchste Dampfdruck, den man in Verbindung mit einem Druckwasser-Reaktor-Kreislauf erreichen kann – würde der thermische Netto-Wirkungsgrad vielleicht 35 % betragen.

Das Prinzip der Dampfüberhitzung im Druckwasser-Reaktor-Kreislauf unter

28

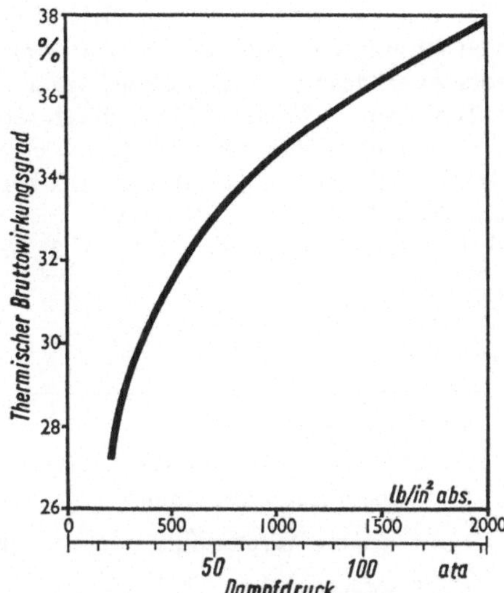

Abb. 25
Die Beziehungen zwischen dem thermischen Brutto-Wirkungsgrad des Sattdampf-Kreislaufs und dem Dampfdruck

Verwendung einer Kohle-, Öl- oder Gasfeuerung zeigt Abb. 26. Im getrennten Überhitzer sind ein Luftüberhitzer und ein kleiner Vorwärmer eingebaut. Der Überhitzer kann entsprechend dem höheren Heizwert des Brennstoffes

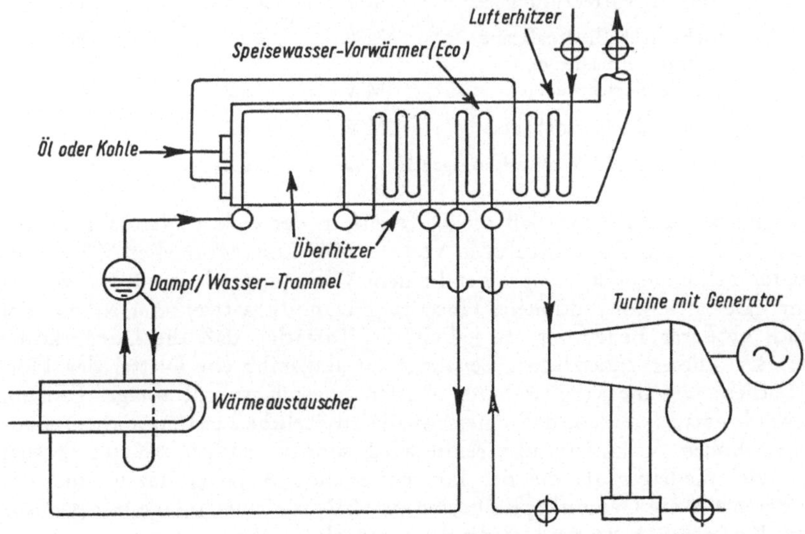

Abb. 26 Dampfkreislauf eines Druckwasserreaktors mit getrennter Überhitzung unter Verwendung von Öl oder Kohle

für einen Wirkungsgrad von über 85 % ausgelegt werden. Der Sattdampf von 49 ata beim Austritt aus dem Wärmeaustauscher des Druckwasserreaktors – vgl. das vorherige Beispiel – kann z. B. durch eine zusätzliche Wärmezufuhr von 35 % auf 482 °C überhitzt werden. Der Brutto-Wirkungsgrad der Turbine würde von 32,5 auf 36 % ansteigen, ferner würden hinsichtlich der Feuchtigkeit am Turbinenaustritt keine Schwierigkeiten auftreten, so daß die Nettoleistung des Kreislaufs sich um 45 % verbessert. Der Netto-Wirkungsgrad würde von 29,8 auf 32 % ansteigen.

Die Energiebilanz sieht wie folgt aus:

		ohne Überhitzung	mit Überhitzung
Gesamtanlage:			
Nukleare Wärmezufuhr	MW	100	100
Überhitzer Wärmezufuhr	MW	–	35
Gesamt-Wärmezufuhr	MW	100	135
Turbinenanlage:			
Nukleare Wärmezufuhr	MW	100	100
Wärmezufuhr durch die Kühlmittel-Umwälzpumpen	MW	1,5	1,5
Überhitzer Wärmezufuhr	MW	–	30
Gesamt-Wärmezufuhr	MW	101,5	131,5
Elektrische Bruttoabgabe	MW	33	47,5
Energieverbrauch der Hilfseinrichtungen	MW	3,2	4,4
Elektrische Nettoabgabe	MW	29,8	43,1
Thermischer Nettowirkungsgrad	%	29,8	32

Es tritt deutlich hervor, daß die Differenz in der elektr. Nettoabgabe von 13,3 MW durch das Hinzufügen von 35 MW konventioneller Wärme zustande gekommen ist, entsprechend einem Wirkungsgrad von 38 %, wie ihn nur modernste konventionelle Hochdruck-Dampfkraftwerke erreichen. Von noch größerer Bedeutung ist jedoch die Tatsache, daß die Gesamtkosten pro kW dieser zusätzlichen Leistung nur ungefähr ein Drittel der Höhe erreichen, wie die vergleichbaren Kosten einer Kernkraftanlage. Es kann deshalb gesagt werden, daß einerseits die zusätzliche Leistung nicht nur mit einem hohen Wirkungsgrad erreicht wird, sondern auch mit Kapitalkosten, die viel niedriger als die der konventionellen Anlagen liegen, und daß andererseits die Gesamtkapitalkosten pro kW für eine Anlage mit gemischtem Brennstoff bedeutend niedriger liegen als bei einem reinen Kernkraftwerk. So liegen z. B. die Gesamtkapitalkosten eines großen Kernkraftwerkes bei ungefähr 1200 DM/kW, die einer Anlage mit gemischtem Brennstoff würden etwa bei 800 DM/kW liegen.

Aus diesen Gründen wird die gemeinsame Nutzung von herkömmlichen Brennstoffen und spaltbarem Material ernsthaft erwogen. Wenn die Dampftemperaturen der Kernkraftwerke jedoch ansteigen, wie dies bei den gasgekühlten Reakoren schon der Fall ist, so büßt der mit konventionellen Brennstoffen beheizte getrennte Überhitzer seine Vorzüge ein.

Der Siedewasser-Reaktor

Beim Siedewasser-Reaktor läßt man die Dampfbildung im Reaktorkern zu und trennt das Dampfwassergemisch entweder im Reaktor selbst oder in einer getrennten Dampf-Wasser-Trommel. Wird der Dampf direkt zur Turbine geführt, dann wird der Kreislauf zu einem Kondensations-Gasturbinen-Kreislauf. Aus Abb. 27 ist zu ersehen, daß ein vollständiger Primärkreislauf

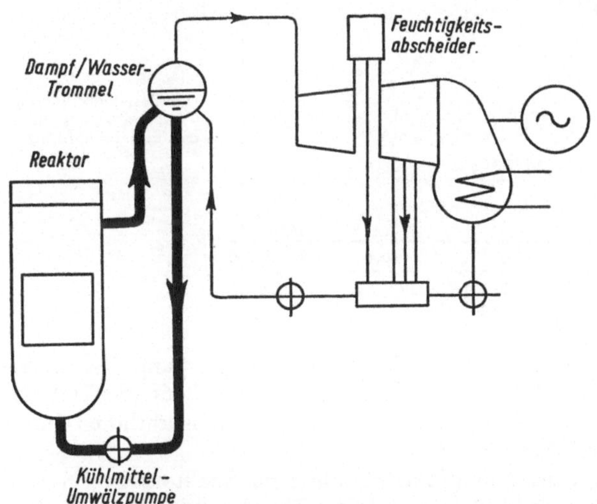

Abb. 27   Siedewasser-Reaktor-Dampfkreislauf

mit Umwälzpumpe eingeschlossen ist. Der Grund ist das erforderliche Umwälzverhältnis von 20 : 1 im Reaktor, um den Einfluß der Dampfblasenbildung auf die Moderatoreigenschaft des Kühlmittels möglichst klein zu halten. Entsprechend ist die Beanspruchung der Pumpe ähnlich wie die der Pumpe des Druckwasserkreislaufs, jedoch mit dem Unterschied, daß hier der Kühlmitteldruck im Reaktorsystem praktisch gleich dem Druck des Dampfes ist, der zur Turbine geführt wird, und nicht ein Mehrfaches davon.

Weiterhin ist hier im Gegensatz zum Druckwasserreaktor dem Dampfdruck theoretisch keine Grenze gesetzt, und da gegenwärtig konventionelle Anlagen mit Drücken von 420 ata betrieben werden, können diese auch beim Siedewasser-Reaktor angewendet werden.

Die Abb. 28 zeigt die Bruttowirkungsgrade, die über einen größeren Druckbereich wahrscheinlich zu erreichen sind. Von diesen Werten ist dann der Energieverbrauch der Hilfseinrichtungen und der Speisewasserpumpe abzu-

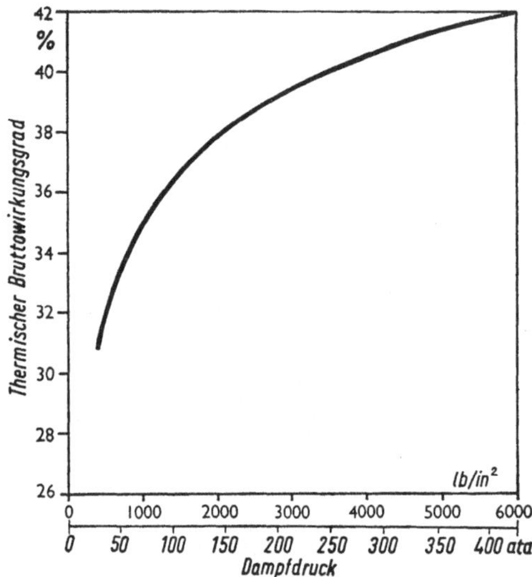

Abb. 28
Die Beziehung zwischen dem Bruttowirkungsgrad des Sattdampfkreislaufes und dem Dampfdruck

ziehen. Der Energieverbrauch der Speisewasserpumpe steigt bei höherem Druck in beträchtlichem Maße an und kann somit die Wahl des Druckes begrenzen, ebenso beschränkt er auch den voraussichtlichen Nettowirkungsgrad des Kreislaufs auf 36 %.

Das Problem der Dampfblasenbildung im Reaktorkern eines SiedewasserReaktors kann durch Anwendung des Zweidruck-Kreislaufs (Abb. 29) gemildert werden. Um die Temperatur des Kühlmittels vor dem Eintritt in den Reaktor zu verringern, wird das Kühlmittel durch einen Wärmeaustauscher geführt, wie es beim Druckwasser-Reaktor üblich ist. In diesem Wärmeaustauscher wird Niederdruckdampf erzeugt, welcher der Turbine an der entsprechenden Druckstufe zugeleitet wird.

Vergleicht man diesen Kreislauf mit einem Eindruck-Siedewasser-Reaktor und nimmt man an, daß der Reaktor einen Sattdampf von 70 ata aus Speisewasser von 205 °C erzeugt, so ist die Eintrittstemperatur des Kühlmittels in den Reaktor beim Eindruck-Kreislauf ungefähr 282 °C und die Umwälzmenge ist ungefähr 25 mal so groß wie die Dampfleistung, wenn der Anteil des im Reaktorkern verdampften Wassers auf 5 % begrenzt wird.

Im Zweidruck-Kreislauf kann die gleiche Menge Dampf von 42 ata zusätzlich erzeugt werden, die Eintrittstemperatur des Kühlmittels beim Eintritt in den Reaktor ist 275 °C, und die Umwälzmenge ist 24 mal so groß wie die Gesamtdampfleistung.

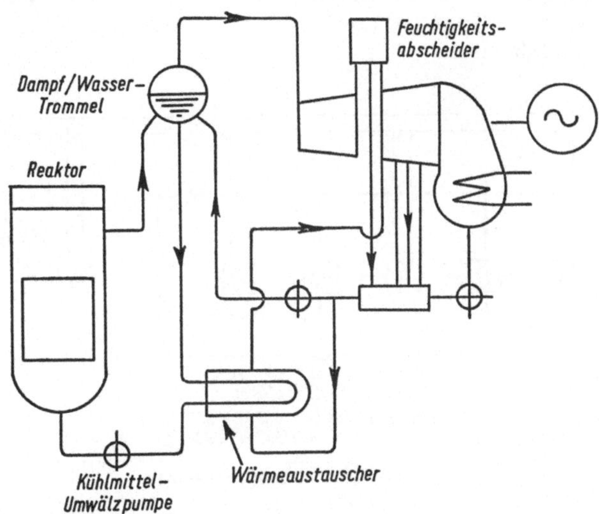

Abb. 29   Zweidruck-Dampfkreislauf beim Siedewasser-Reaktor

Der flüssigmetallgekühlte Reaktor-Kreislauf

Der heterogene Brutreaktor mit seiner großen Wärmeentwicklung in einem kleinen Volumen stellt für die Wärmeabführung ein besonderes Problem dar. Flüssige Metalle, z. B. geschmolzenes Natrium und Kalium, sind bereits als Kühlmittel in einigen Reaktoren zur Anwendung gekommen. Wegen der Gefährlichkeit der Reaktion zwischen diesen Metallen und Wasser ist die Konstruktion der Wärmeaustauscher nicht ganz einfach, da das Eindringen des Wassers in das Kühlmittel, z. B. durch ein schadhaftes Rohr, gänzlich ausgeschlossen sein muß. Bei einigen Entwürfen verwendet man ein Dreifachrohr, bei dem alle drei Rohre auf gleicher Achse zentriert sind. Im inneren Rohr zirkuliert das Kühlmittel und im äußeren Rohr das Wasser, im Ringraum zwischen diesen beiden Medien befindet sich eine Sperrflüssigkeit wie z. B. Quecksilber. Abb. 30 zeigt als Alternative dazu den „Kaskaden-Überhitzer-Kreislauf", dem der Gedanke zugrunde liegt, daß ein Eindringen von überhitztem Dampf in das Kühlmittel weitaus weniger gefährlich ist als das

Eindringen von Wasser. Der Kreislauf besteht aus drei Verdampfungsstufen und vier Überhitzerstufen. Der Dampf wird bei 140 ata und 538 °C aus Speisewasser von 233 °C erzeugt. Gleiche Mengen Speisewasser werden den einzelnen Stufen zugeführt, dort wird es verdampft und überhitzt, und zwar durch überhitzten Dampf aus den mit flüssigem Metall beheizten Wärmeaustauschern. In diesen Wärmeaustauschern tritt der Dampf mit 360 °C ein – d. h. mit ungefähr 28 °C Überhitzung – um bis auf 538 °C überhitzt zu werden. Der Kreislauf kann nicht selbsttätig anfahren und benötigt für diesen Zweck einen Anfahrkessel.

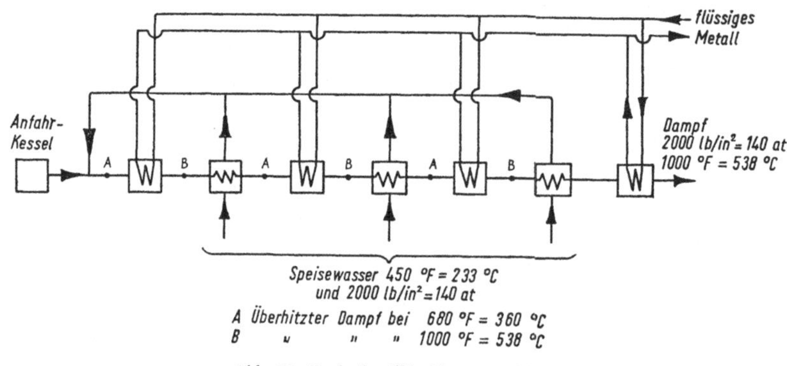

Abb. 30 Kaskaden-Überhitzer-Kreislauf

Schlußfolgerung

Die Wahl und die Analyse des Dampfkreislaufs spielen bei der Planung eines Kernkraftwerkes eine wichtige Rolle. Im vorhergehenden Teil und in den Anhängen ist der Versuch gemacht worden, diese Themen kurz zu behandeln. Um den elementaren Charakter zu wahren, mußten sowohl auf der Dampferzeugerseite der Kreisläufe als auch auf der Dampfverwertungsseite gewisse Vereinfachungen gemacht werden. Es ist weder der Zweck dieser Einzeldarstellung, die Konstruktionsfeinheiten von Wärmeaustauschern und Turbinen zu beschreiben, noch den Versuch zu machen, die diesen Konstruktionen zugrunde liegenden Theorien und Erfahrungen in Worte zu fassen. Das primäre Ziel ist der Vergleich der Kreisläufe, so daß es als ausreichend erschien, die Grundtatsachen unbestritten zu übernehmen. Etwas tritt jedoch klar zum Vorschein, die Tatsache nämlich, daß der Dampfkreislauf weiterhin sein Feld behaupten wird, solange die erreichbaren Kühlmitteltemperaturen aus Kernreaktoren nicht bedeutend weiter ansteigen, als heute vorausgesehen werden kann.

34

Kühlgasaustrittstemperatur und Gesamtwirkungsgrad des Kernkraftwerkes

Im folgenden sollen die Beziehungen zwischen den Temperaturen, mit denen das Kühlgas aus dem Reaktor austritt und dem Gesamtwirkungsgrad, der sich mit dem Kraftwerk erreichen läßt, erläutert werden.

Die Darstellung der Abb. 1 (Seite 1) geht von der Annahme aus, daß mit steigender Kühlgastemperatur am Reaktoraustritt allmählich auch die Gastemperatur am Eintritt in den Reaktor anwächst. Diese Temperaturen wurden so festgelegt, daß die von den Kühlgasumwälzgebläsen aufgenommene Leistung stets ein Zehntel der Gesamtleistung des Kraftwerkes erreicht. Außerdem wurde angenommen, daß sich der Druckverlust innerhalb des Kühlgaskreislaufes, der als Bruchteil des Systemdruckes angegeben wird, etwa verdoppelt, wenn die Kühlgastemperatur am Reaktoraustritt von etwa 260 auf etwa 600 °C steigt. Vernünftigerweise legt man die Gaseintrittstemperaturen demnach höher als 260 °C, wenn die Austrittstemperatur bei 600 °C liegen soll. Bei Zwischentemperaturen werden sowohl für die Gaseintrittstemperaturen als auch die Druckverluste entsprechende Werte gewählt.

Als Grundlage für die Abb. 1 wurden so entsprechend den Gastemperaturen – wie im Text gezeigt – geeignete Dampfzustände ausgewählt. In diesem Zusammenhang sei besonders darauf hingewiesen, daß jede Erhöhung der Gasaustrittstemperatur um etwa 50 °C eine Verdoppelung des erreichbaren Dampfdruckes bedeutet. Es ist jedoch wünschenswert, die Dampfdrücke nicht zu hoch ansteigen zu lassen, vor allem, wenn die Kühlgastemperaturen in die Gegend von 600 °C kommen. Man weicht in diesem Falle auf die Speisewasservorwärmung aus und hält auf diese Weise den Dampfdruck in technisch brauchbaren Grenzen.

Die nach Abb. 1 zu erwartenden thermischen Wirkungsgrade des Kernkraftwerkes sind natürlich keine theoretischen Werte, sondern praktisch erreichbare. Dabei sind für die Turbinenwirkungsgrade, die mechanischen und elektrischen Verluste, das im Kondensator erreichbare Vakuum usw. Annahmen gemacht worden, wie sie von herkömmlichen Anlagen bekannt sind. Die dargestellte Kurve basiert auf dem einfachsten Dampfkreislauf, dementsprechend steigt der Feuchtigkeitsgehalt des Dampfes am Turbinenaustritt mit zunehmender Kühlgastemperatur am Reaktoraustritt. Der steigende

Feuchtigkeitsgehalt ist also das Ergebnis der zur Verfügung stehenden höheren Dampfdrücke. Die Dampfkreisläufe werden daher bei höheren Kühlgasautrittstemperaturen im allgemeinen mit Zwischenüberhitzung betrieben, wie auf Seite 21 bereits dargestellt.

Die Dampftafeln

Die hauptsächlichen Eigenschaften von Dampf und Wasser, die bereits im ersten Kapitel kurz behandelt wurden und die in den VDI-Wasserdampftafeln dargestellt sind, sind Druck, Temperatur, spezifisches Volumen, spezifisches Gewicht, Enthalpie, Verdampfungswärme und Entropie. Der Umgang mit diesen Daten wird am zweckmäßigsten durch einige Berechnungsbeispiele erläutert.

Als erstes Beispiel soll ein Rohrbündelwärmeaustauscher durchgerechnet werden, in dem Wasser durch Dampf aufgeheizt wird. Das Wasser fließt durch die Rohre, während der Dampf die Rohre von außen umströmt. Typisches Beispiel eines derartigen Wärmeaustauschers ist ein Speisewasservorwärmer. Die Abb. 31 zeigt einen solchen Wämeaustauscher, in den überhitzter Dampf von

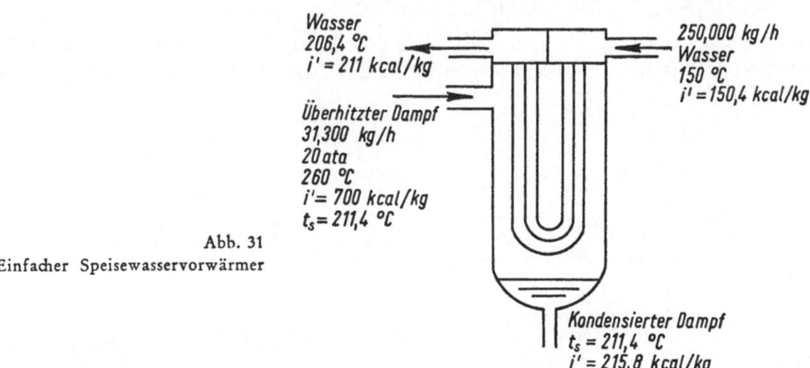

Abb. 31
Einfacher Speisewasservorwärmer

20 ata und 260 °C eintritt, kondensiert und mit Sättigungstemperatur austritt. Das aufzuwärmende Wasser tritt mit 150 °C in den Wärmeaustauscher ein. Die Wassermenge beträgt 250 000 kg/h. Gesucht ist nun die zum Aufheizen des Wassers erforderliche Dampfmenge sowie die Temperatur, mit der das Speisewasser aus dem Wärmeaustauscher austritt.

Die zweite dieser Unbekannten hängt von den Konstruktionsmerkmalen des Wärmeaustauschers ab. Auf Grund langjähriger Erfahrungen hat sich als wirtschaftlich erwiesen, Wärmeaustauscher dieser Bauarten – insbesondere Speisewasservorwärmer, denen im Zusammenhang mit den Dampfkreis-

läufen unser besonderes Interesse gilt – für eine Grädigkeit von etwa 5 °C
auszulegen. Dabei ist unter „Grädigkeit" die kleinste Temperaturdifferenz
zwischen dem kondensierenden Dampf auf der Wandseite und dem aus dem
Wärmeaustauscher austretendem Wasser im Rohrinnern zu verstehen. (Bei
weiteren Rechnungen innerhalb des Anhangs wird stets mit einer Grädigkeit
von 5 °C gerechnet.)

Die Sättigungstemperatur des Heizdampfes entsprechend seinem Druck von
20 ata wird aus den Dampftafeln zu 211,4 °C gefunden. Das aufgeheizte
Speisewasser hat demnach eine Temperatur von 206,4 °C. Gleichermaßen
wird der Wärmeinhalt des Speisewassers entsprechend seinen Temperaturen
150 und 206,4 °C zu 150,4 und 211 kcal/kg aus den Wasserdampftafeln
abgelesen. Die vom Speisewasser aufgenommene Wärmemenge beträgt daher
250 000 · (211 – 150,4) gleich 15,15 · 10⁶ kcal/h. Diese Wärmemenge entspricht der vom Dampf abgegebenen. Der Wärmeinhalt des in den Wärmeaustauscher eintretenden überhitzten Dampfes beträgt nach den Dampftafeln
bei 20 ata und 260 °C 700 kcal/kg, der des kondensierten Dampfes bei Sättigungstemperatur und dem gleichen Druck 215,8 kcal/kg. Je kg Dampf wurden demnach (700 – 215,8) gleich 484,2 kcal abgegeben. Das gesamte Gewicht des im Wärmeaustauscher kondensierten Dampfes beträgt demnach
15,15 · 10⁶/484,2 = 31 300 kg/h.

Ein zweites Beispiel für den Gebrauch der Dampftafeln und der Durchfüh-
rung von Wärmebilanzrechnungen ist in der Abb. 32 schematisch dargestellt.

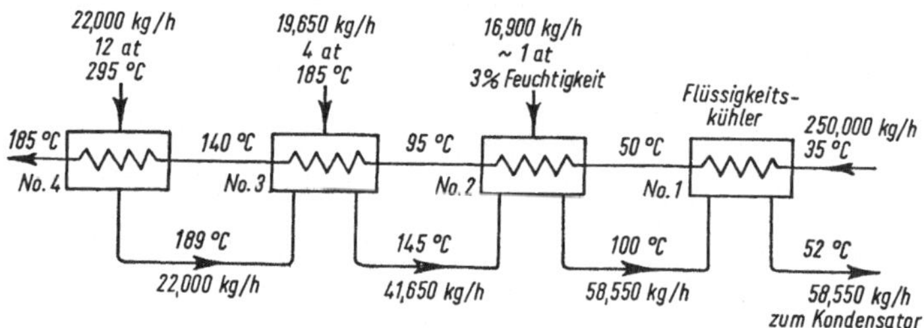

Abb. 32 Anordnung von hintereinandergeschalteten Speisewasservorwärmern

Hier sind vier Speisewasservorwärmer hintereinandergeschaltet. Der konden-
sierte Dampf des Wärmeaustauschers 4 verbindet sich im Wärmeaustauscher 3
mit dessen kondensiertem Dampf. Beide gemeinsam durchströmen dann den
Wärmeaustauscher 2 usw. Die Aufstellung einer Wärmebilanz für den Wärmeaustauscher 4 entsprechend unserem ersten Berechnungsbeispiel ergibt eine
Dampfmenge von

$$\frac{250\,000\,(187,5 - 140,6)}{(723,9 - 191,6)} = 22\,000 \text{ kg/h}$$

Im Wärmeaustauscher 3 jedoch wird das Wasser in den Rohren nicht nur vom Heizdampf, sondern auch vom Kondensat des Wärmeaustauschers 4 aufgeheizt. Die Wärmebilanz ergibt als Dampfmenge, die durch den Wärmeaustauscher 3 geht

$$\frac{250\,000\,(140,6 - 95,0) - 22\,000\,(191,6 - 145,8)}{675 - 145,8} = 19\,650 \text{ kg/h}$$

und durch den Wärmeaustauscher 2 geht entsprechend eine stündliche Dampfmenge von

$$\frac{250\,000\,(95,0 - 50,0) - 41\,650\,(145,8 - 95,0)}{639,1 - 95,0} = 16\,900 \text{ kg}$$

Es muß an dieser Stelle vermerkt werden, daß die Menge kondensierten Dampfes, die vom Wärmeaustauscher 3 und 4 durch den Wärmeaustauscher 2 geht, gleich der Summe dieser beiden, nämlich $(22\,000 + 19\,650) = 41\,650$ kg/h ist.

Der Wärmeaustauscher 1 ist in der Abb. 32 als Flüssigkeitskühler dargestellt. Er bekommt nicht mehr Dampf, sondern nur noch das Kondensat der übrigen Wärmeaustauscher. Die Temperaturerhöhung für das Speisewasser beträgt innerhalb dieses Wärmeaustauschers

$$\frac{58\,550\,(95,0 - 34,99)}{250\,000} = 14 \,°\text{C}$$

Auf diese Weise haben wir ein vollständiges Bild der Mengen- und Temperaturverhältnisse erhalten, die mit diesem System der Speisewasservorwärmer verbunden sind.

Ein anderes Beispiel für den Gebrauch der Wasserdampftafeln bezieht sich auf den Wirkungsgrad eines einfachen Kreislaufes mit einer Turbine und kondensierendem Dampf. Die Abb. 33 zeigt schematisch einen solchen Kreislauf, in dem Dampf mit 65 ata und 485 °C in die Turbine eintritt und, entsprechend einem Vakuum von 0,057 ata, bei 35 °C kondensiert. Bei einer ver-

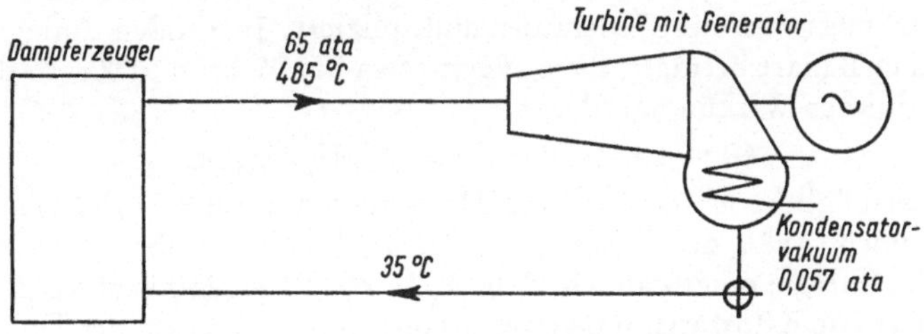

Abb. 33 Einfacher Dampfkreislauf ohne Speisewasservorwärmung

lustlosen Turbine läßt sich der Wirkungsgrad der Anlage nun folgendermaßen bestimmen:

a) Die Wärmemenge, die in der Turbine in Arbeit umgesetzt wird und die ihr je kg Dampf zugeführt wird, ist gleich der Differenz der Wärmeinhalte des Dampfes vor der Turbine und des vom Kondensator abgeführten Kondensats. Aus den Wasserdampftafeln lassen sich die Werte zu 806,9 und 34,99 kcal/kg bestimmen. Die Differenz ergibt 761,91 kcal/kg.

b) Die Wärmemenge, die in den Kondensator abgeführt werden muß, ist gleich der Differenz der Entropien des Dampfes und des Kondensats, multipliziert mit der absoluten Temperatur des Kondensats. Aus der Wasserdampftafel entnehmen wir die Entropie des Dampfes von 65 ata und 485 °C zu 1,623 kcal/kg °C und die des Kondensats bei 35 °C zu 0,1205 kcal/kg °C. Die Differenz zwischen beiden beträgt 1,5025 kcal/ kg °C, während die 35 °C entsprechende absolute Temperatur 308,16 °C beträgt.
Damit ergibt sich als Produkt dieser beiden Werte, d. h. 308,16 · 1,5025, die Wärmemenge, die im Kondensator abzuführen ist, in unserem Falle 463 kcal/kg Dampf.

c) Die Wärmemenge, die in der Turbine in Arbeit umgesetzt wird, ist gleich der Differenz der zugeführten und der abgeführten Wärme, nämlich 761,91 und 463 kcal/kg entsprechend Absatz a) und b). Dies ergibt 298,91 kcal/kg.

d) Der Wirkungsgrad des verlustlosen, theoretischen Turbinenkreislaufes ist gleich dem Verhältnis der in Arbeit umgesetzten, zur zugeführten Wärmemenge, und zwar

$$\frac{298,91}{761,91} = 0,393 \text{ bzw. ungefähr } 40\,\%$$

In der Praxis ist ein solcher Wirkungsgrad nicht zu erreichen, da er eine unendliche Zahl reibungsloser Stufen in der Turbine erfordern würde. Den entsprechenden praktischen Wirkungsgrad erhält man jedoch, indem man den theoretischen Wert mit dem sogenannten Turbinenwirkungsgrad, dem mechanischen Wirkungsgrad, der die Reibungsverluste deckt, sowie dem elektrischen Wirkungsgrad des Generators multipliziert. In großen Anlagen herkömmlicher Bauart betragen diese Werte etwa 85, 99 bzw. 98 %, so daß sich ein tatsächlicher Wirkungsgrad von

$$40 \cdot 0,85 \cdot 0,99 \cdot 0,98 = 33,0\,\% \text{ ergibt.}$$

Jetzt ist es möglich, den tatsächlichen Dampfverbrauch des Turbo-Generators zu bestimmen. 33 % der Energie, die der Turbine zugeführt wird, wird in elektrische Energie umgewandelt, d. h. 0,33 · 761,91 = 250 kcal/kg. Bei einer Äquivalenz zur Kilowattstunde (kWh) von 860 kcal beträgt der Dampfverbrauch somit 860/250 = 3,44 kg/kWh.

Im vorstehenden wurde erläutert, wie mit Hilfe der Entropie gerechnet werden kann, wobei die Intropie eine Eigenschaft von Wasser und Dampf (und anderen Materien) ist, die nur eine theoretische Bedeutung hat. Für den Ingenieur, dem die Entropie ein nutzbringendes „Werkzeug" ist, ist sie ein Zeichen oder Hinweis auf das Arbeitsvermögen des Dampfes oder anderen Mediums. Hat man beispielsweise den Dampf auf einen Druck von 65 ata und eine Temperatur von 485 °C gebracht, dann ist er „fertig", d. h. er kann nun Arbeit leisten. Wird dieser Dampf nun in einer Turbine zu einem niedrigeren Druck entspannt, bei dem er das geringstmögliche Arbeitsvermögen hat, so erfolgt die Expansion bei konstanter Entropie, d. h. isentrop. Solch eine Expansion erfordert eine verlustlose Turbine. Ist jedoch die Turbine nicht verlustlos, wie in der Praxis alle Turbinen, so erfolgt die Expansion nicht isentrop, sondern entlang einer Linie zunehmender Entropie. Das Arbeitsvermögen des Dampfes am Turbinenaustritt ist also größer geworden.

Das letzte Beispiel zum Gebrauch der Dampftafeln, das wir für unsere Kreislaufanalysen noch benötigen, soll der Durchrechnung einer Turbine mit Regenerativ-Speisewasservorwärmung gewidmet sein. Die Abb. 34 zeigt

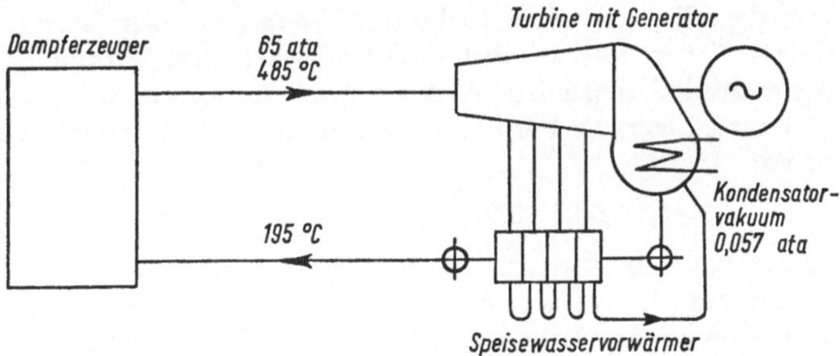

Abb. 34 Einfacher Dampfkreislauf mit Regenerativ-Speisewasservorwärmung

einen solchen Kreislauf, in dem Dampf von 65 ata und 485 °C in der Turbine expandiert und bei 35 °C kondensiert. Dieses Kondensat wird in einer Reihe von Speisewasservorwärmern auf 195 °C aufgeheizt, bevor es in den Dampferzeuger zurückgepumpt wird. Der Dampf, mit dem das Kondensat aufgeheizt wird, wird nach verschiedenen Expansionsstufen von der Turbine abgezapft. Den theoretischen Wirkungsgrad dieses Kreislaufes erhält man ähnlich wie den für den Kreislauf ohne Speisewasservorwärmung:

a) Die Wärmemenge, die von der Turbine umgesetzt wird, ist jetzt gleich der Differenz der Wärmeinhalte des Dampfes und des Speisewassers hinter dem letzten Vorwärmer. Nach den Wasserdampftafeln sind diese 806,9 und 198,1 kcal/kg, und die Differenz zwischen beiden beträgt 608,8 kcal/kg.

b) Die im Kondensator abgeführte Wärme ist gleich der Differenz der Entropien des Dampfes und des Speisewassers hinter dem letzten Vorwärmer multipliziert mit der absoluten Temperatur des Kondensats. Aus den Wasserdampftafeln ergeben sich folgende Werte: 1,623 und 0,5449 kcal/kg °C und die absolute Temperatur 308,16 °C.

Je Kilogramm Dampf, der in die Turbine eingespeist wird, werden demnach an den Kondensator

$$(1,623 - 0,545) \cdot 308,16 = 332 \text{ kcal/kg abgeführt.}$$

c) Die Wärmemenge, die in der Turbine in Arbeit umgesetzt wird, ist die Differenz zwischen der zugeführten und der abgeführten Wärme, nämlich (608,8–332) = 276,8 kcal/kg.

d) Der Wirkungsgrad des verlustlosen Turbinenkreislaufes ist gleich dem Verhältnis der in Arbeit umgesetzten zur zugeführten Wärme, und zwar

$$\frac{276,8}{608,8} = 0,455 \text{ oder } 45,5 \, {}^0/_0$$

In der Praxis ist ein solcher Wirkungsgrad wiederum nicht zu erreichen, und um den tatsächlichen Kreislaufwirkungsgrad zu erhalten, muß man wiederum den theoretischen Wert mit dem Turbinenwirkungsgrad, dem Wirkungsgrad der Vorwärmer[1]), dem mechanischen und dem elektrischen Wirkungsgrad des Generators multiplizieren. Diese Wirkungsgrade können zu 85, 97, 99 und 98 $^0/_0$ angenommen werden. Für unseren Kreislauf ergibt sich damit ein Wirkungsgrad von

$$45,5 \cdot 0,85 \cdot 0,97 \cdot 0,99 \cdot 0,98 = 36,4 \, {}^0/_0.$$

Es ist hier besonders interessant, festzustellen, daß bei einem sonst gleichen Dampfkreislauf nur durch das Hinzufügen der Regenerativ-Speisewasservorwärmung ein Gewinn an Wirkungsgrad von etwa 10 $^0/_0$ erzielt werden kann, wodurch sich auch die weitverbreitete Anwendung erklärt.

---

[1]) (Dies ist eine Korrektur für die Abweichung des idealen Vorwärmersystems mit unendlich vielen Stufen von dem tatsächlichen mit einigen wenigen Stufen.)

Das Mollier-(i,s)-Diagramm

Das Mollier-Diagramm ist eine zeichnerische Darstellung der Dampftafeln mit der Entropie s als Abszisse und der Enthalpie oder dem Wärmeinhalt i als Ordinate. Die Abb. 35 stellt einen Ausschnitt aus diesem Mollier-Diagramm dar. Hierin ist die Expansion von Dampf in einer Turbine bei einem Dampfzustand vor der Turbine von 35 ata und 485 °C und dem Austritt in den Kondensator mit einem Vakuum von 0,05 ata dargestellt. Die Adiabate AB, d. h. die Linie konstanter Entropie, zeigt den Wärmeanteil, der in der

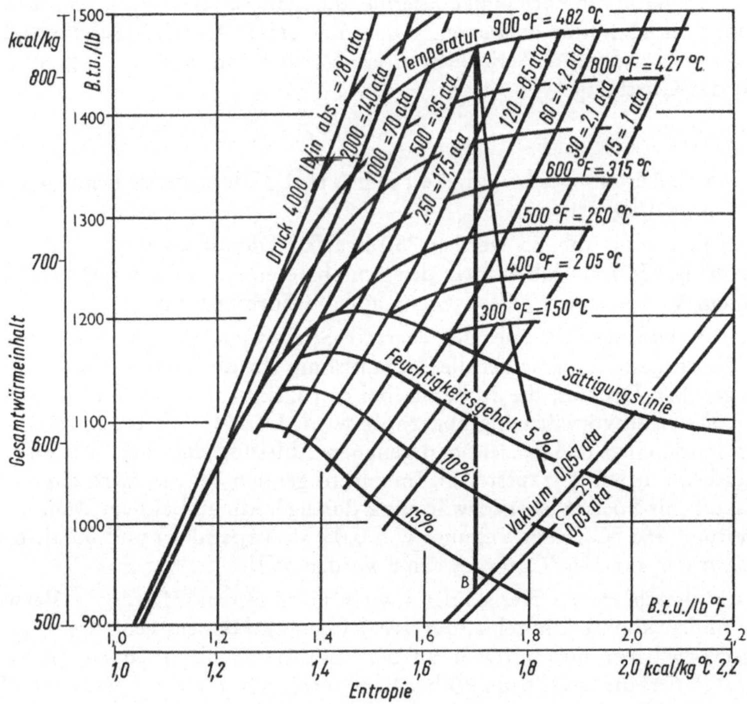

Abb. 35 Dampfexpansion, dargestellt im Mollier-(i, s)-Diagramm, Dampfkreislauf ohne Speisewasservorwärmung

Turbine theoretisch umgesetzt werden kann. Die Zustandslinie AC dagegen zeigt den Verlauf der Expansion, wie er in der Praxis in den Turbinen erreicht wird. Das Verhältnis von AC zu AB ist der Wirkungsgrad der Turbine. Die Zustandslinie AC schneidet die Sättigungslinie des Mollier-Diagramms in diesem speziellen Falle bei einem Druck von 0,7 ata. Oberhalb dieses Punktes ist der Dampf im überhitzten Zustand, darunter ist er naß, d. h. er enthält Feuchtigkeit in Form von Nebel oder Tröpfchen. Die Bildung von Feuchtigkeit in der Turbine während der Dampfexpansion hat einen geringen Abfall des Wirkungsgrades zur Folge, der in erster Linie durch die Bremswirkung der Wassertröpfchen – im Gegensatz zum stoßfreien Dampfstrom – hervorgerufen wird. Der Gesamtwirkungsgrad der Expansion mit etwa 85 % ist daher ein Durchschnitt der besseren Wirkungsgrade im überhitzten Teil und der schlechteren im Naßdampfteil der Turbine.

Zusätzlich hat der Gesamtwirkungsgrad noch die „Austrittsverluste" zu berücksichtigen. Diese treten auf, wenn der Dampf die Turbinenschaufel verläßt und mit Geschwindigkeiten von 100 m/s und mehr in den Kondensator eintritt. Er hat dann noch einige Energie, die man jedoch aus wirtschaftlichen Gründen nicht weiter ausnutzen kann. Bei einer Austrittsgeschwindigkeit von 200 m/s ergibt sich zum Beispiel ein Verlust von 4,78 kcal/kg entsprechend der Gleichung

$$w = 91,5 \cdot \sqrt{\varDelta i}$$

wobei w die Austrittsgeschwindigkeit in m/s und $\varDelta i$ der entsprechende Wärmeinhalt in kcal/kg ist.

Im Beispiel nach Abb. 35 werden 250 kcal/kg Dampf umgesetzt. Die Austrittsverluste führen dabei unter der Annahme einer Ausnutzung von 80 % zu einem Verlust von 1,3 %, bezogen auf die Turbinenleistung.

Bei einer Turbine mit einer Regenerativ-Speisewasservorwärmung, wie in Abb. 36 dargestellt, schneidet die Zustandslinie AB die verschiedenen Linienzüge gleichen Druckes, die Isobaren, bei den Drücken, bei denen Dampf für die Speisewasservorwärmung abgezapft wird. Das Mollier-Diagramm dient nun zur schnellen und hinreichend genauen Ablesung der einzelnen Dampfzustände an diesen Anzapfstellen. Im nachfolgenden Beispiel wird ein solcher Kreislauf mit Speisewasservorwärmung durchgerechnet, bei dem Dampf von 65 ata und 485 °C in ein Vakuum von 0,05 ata expandiert und bei dem das Speisewasser auf 195 °C vorgewärmt werden soll.

Um die verschiedenen Kreisläufe, soweit sie in Kernkraftwerken Verwendung finden könnten, miteinander vergleichen zu können, genügt es, Speisewasservorwärmer nur insoweit zu berücksichtigen, als in ihnen die Kondensattemperatur jeweils um 30 bis 40 °C erhöht wird. Der bei diesem Verfahren entstehende Fehler ist gering, die Punkte, an denen Dampf für die Vorwärmung abgezapft wird, legt dann erst der Turbinenkonstrukteur in

Verbindung mit vielen konstruktiven Erwägungen fest. In unserem Beispiel sei jedoch die Annahme gemacht, daß das Kondensat – aus Gründen, die später erläutert werden – in den ersten Speisewasservorwärmer mit 35 °C eintritt. Der gesamte Speisewasserstrom muß dann um (195—35) = 160 °C aufgewärmt werden. Hierzu genügen vier weitere Vorwärmer, die jeweils die Temperatur um 40 °C erhöhen.

In den ersten Vorwärmer tritt demnach das Wasser mit einer Temperatur von 35 °C ein und verläßt ihn mit 75 °C. Da, wie bereits früher erwähnt, eine Grädigkeit von 5 °C in den Wärmeaustauschern angenommen werden soll, beträgt die Sättigungstemperatur des Dampfes auf der Rohraußenseite 80 °C, der entsprechende Druck aus den Dampftafeln 0,483 ata. Gleichfalls aus den Wasserdampftafeln werden die Drücke des Anzapfdampfes für die

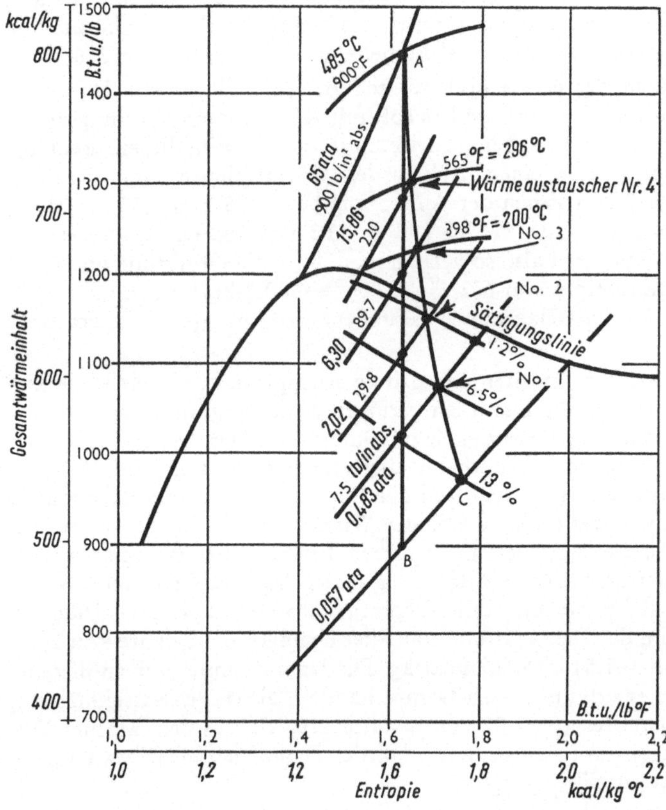

Abb. 36 Dampfexpansion, dargestellt im Mollier-(*i, s*)-Diagramm, Kreislauf mit Speisewasservorwärmung

drei anderen Vorwärmer zu 2,02, 6,30 und 15,86 ata entsprechend den Temperaturen 120, 160 und 200 °C gefunden. Diese Sättigungstemperaturen liegen ebenfalls um jeweils 5 °C über den jeweiligen Speisewassertemperaturen.

Nachdem die Druckstufen für den Anzapfdampf festgelegt sind, werden die zugehörigen Temperaturen aus dem Mollier-Diagramm durch Auswerten der Schnittpunkte der Zustandslinie AC und der Drucklinien mit den entsprechenden Temperaturkurven ermittelt. In unserem Beispiel kann der Verlauf der Zustandslinie AC folgendermaßen definiert werden:

1. Zwischen dem Turbineneintritt und dem ersten Anzapfpunkt (15,86 ata) beträgt der Wirkungsgradanteil 88 %. Der Dampf ist während dieser Expansionsstufe auf jeden Fall im überhitzten Zustand. Bei einem Abbau des Wärmeinhaltes entsprechend dem Mollier-Diagramm von (807—711) = 96 kcal/kg beträgt der tatsächliche nur 0,88 · 96, d. h. 84,5 kcal/kg. Der Wärmeinhalt des Dampfes am vorliegenden Punkt beträgt daher (807—84,5) = 722,5 kcal/kg bei einer Temperatur von 296 °C.

2. Zwischen der ersten und zweiten Anzapfstelle ist der Dampf noch im überhitzten Zustand und es soll mit dem gleichen Wirkungsgrad (88 %) gerechnet werden. Eine Fortsetzung der ursprünglichen, isentropen Expansion ergibt einen Abbau des Wärmeinhaltes von (711—663) = 48 kcal/kg zwischen der Anzapfung bei 15,86 und 6,30 ata, der tatsächliche beträgt dagegen 0,88 · 48 = 42,3 kcal/kg. Die Fortsetzung der Zustandslinie wird also so verlaufen, daß sie die Drucklinie von 6,30 ata bei einer Enthalpie von (722,5—42,3) = 680,2 kcal/kg schneidet. Die nach dem Mollier-Diagramm gefundene zugehörige Temperatur beträgt 200 °C.

3. Zwischen dem zweiten und dritten Anzapfpunkt schneidet die Expansion die Sättigungslinie und ein geringer Wirkungsgradverlust tritt durch das Auftreten von Feuchtigkeit im Dampf ein. Der größere Teil der Expansion erfolgt jedoch noch im überhitzten Gebiet und das Auftreten von Feuchtigkeit im letzten Teil der Expansion ist vernachlässigbar klein, so daß man weiterhin mit einem Wirkungsgrad von 88 % rechnen kann. Die Fortsetzung der anfänglichen Expansionslinie ergibt zwischen der zweiten und dritten Anzapfung einen Wärmeabbau von (663—616) = 47 kcal/kg, der tatsächliche beträgt 0,88 · 47 = 41,5 kcal/kg. Die Fortsetzung der Zustandslinie schneidet demnach die Isobare von 2,02 ata bei (680,2—41,5) = 638,7 kcal/kg. Die Dampftemperatur an diesem Punkte ist, da es sich um nassen Dampf handelt, gleich der Sättigungstemperatur des Dampfes von 2,02 ata, nämlich 120 °C. Aus dem Mollier-Diagramm ist weiterhin zu entnehmen, daß der Dampf nunmehr etwa 1,2 % Feuchtigkeit enthält.

4. Zwischen dem dritten und vierten Anzapfpunkt verläuft die Expansion nur noch im Naßdampfgebiet und es wird durch die Stoßeffekte der

Flüssigkeitströpfchen ein merklicher Wirkungsgradverlust eintreten. Hierzu läßt sich aus der Erfahrung sagen, daß sich der Wirkungsgradverlust durch Multiplikation des mittleren prozentualen Feuchtigkeitsgehaltes mit 0,6 und Abziehen dieses Wertes vom theoretischen Wirkungsgrad bei trockener Expansion ergibt. Beispielsweise ergibt sich bei einem Feuchtigkeitsgehalt von 1 % bei Beginn und von 6 % beim Ende der Expansion eine mittlere Feuchtigkeit von 3,5 %, durch die Multiplikation mit 0,6 ergibt sich 2,1 %.

Nach Abzug dieser 2,1 % vom theoretischen Wirkungsgrad von 88 % ergibt sich für diese Expansion ein solcher von 85,9 %.

Im vorliegenden Falle ergibt die Verlängerung der Isentropen zwischen dem dritten und vierten Anzapfpunkt einen Abbau von (616—564) = 52 kcal/kg. Der Feuchtigkeitsgehalt gegen Ende der Expansion beträgt etwa 6,5 %. Mit dem Anfangsgehalt von etwa 1,2 % ergibt sich ein Mittelwert von 3,9 %. Der Wirkungsgrad der Expansion zwischen Punkt 3 und 4 beträgt demnach (88,0—0,6 · 3,9) = 85,7 %, so daß sich ein tatsächlicher Wärmeabbau von 0,857 · 52 = 44,5 kcal/kg ergibt und der Wärmeinhalt des Dampfes am vierten Anzapfpunkt (638,7—44,5) kcal/kg, d. h. 594,2 kcal/kg beträgt. Nach dem Mollier-Diagramm beträgt der Feuchtigkeitsgehalt des Dampfes etwa 6,5 %.

5. Zwischen dem vierten Anzapfpunkt und dem Kondensator ist der Feuchtigkeitsgehalt des Dampfes noch größer und der Wirkungsgrad nimmt entsprechend ab. Der Verlauf der Expansion deutet auf einen Feuchtigkeitsgehalt von etwa 12,5 % am Ende der Expansion. Mit dem Feuchtigkeitsgehalt zu Beginn (6,5 %) ergibt sich ein Mittelwert von 9,5 %, so daß ein Wirkungsgrad von (88,0—0,6 · 9,5) = 82,3 % erwartet werden kann.

Die Fortsetzung des isentropen Wärmeabbaues ergibt einen solchen von (564—494) = 70 kcal/kg zwischen der vierten Anzapfstelle und dem Kondensator. Der tatsächliche Wärmeabbau beträgt dagegen 0,823 · 70 = 57,5 kcal/kg, so daß der Wärmeinhalt des Dampfes am Ende der Expansion (594,2—57,5) = 536,7 kcal/kg beträgt, bei einem Feuchtigkeitsgehalt von 13 %.

6. Mit einem Austrittsverlust von etwa 5 kcal/kg ergibt sich eine Gesamtwärmemenge, die im Kondensator abzuführen ist, von (536,7+5) = 541,7 kcal/kg. Der Gesamtwirkungsgrad der Turbine errechnet sich nun, wie im folgenden gezeigt wird:

Der gesamte isentrope Wärmeabbau beträgt (807—494) = 313 kcal/kg, während unter Berücksichtigung der Wirkungsgrade zwischen den einzelnen Anzapfstellen der tatsächliche nur (807—541,7) = 265,3 kcal/kg beträgt. Das Verhältnis beider Werte, der Wirkungsgrad, beträgt demnach 265,3/313 = 85 %.

Nachdem die Dampfzustände an jeder der vier Anzapfstellen festgelegt sind, kann die Wärmebilanz der einzelnen Vorwärmer in der oben beschriebenen Art durchgeführt werden. Für den Vorwärmer Nr. 4 ergibt sich danach eine Anzapfdampfmenge von

$$\frac{(198,1 - 156,1)}{(722,5 - 203,5)} = 0,081 \text{ kg/kg Kondensat,}$$

welche durch die Rohre des Wärmeaustauschers strömt. Die Anzapfdampfmenge für den Vorwärmer 3 beträgt

$$\frac{(156,1 - 115,2) - 0,081 \, (203,5 - 161,3)}{(680,2 - 161,3)} = 0,072 \text{ kg/kg,}$$

für Vorwärmer 2

$$\frac{(115,2 - 74,94) - 0,153 \, (161,3 - 120,3)}{(638,7 - 120,3)} = 0,066 \text{ kg/kg}$$

und für den Vorwärmer 1

$$\frac{(74,94 - 34,99) - 0,219 \, (120,3 - 79,95)}{(594,2 - 79,95)} = 0,061 \text{ kg/kg}$$

Die Gesamtdampfmenge, die von der Turbine abgezapft wird, beträgt demnach 0,28 kg/kg, d. h. 28,0 %.

Der gesamte Dampf expandiert in der Turbine von seinem Anfangszustand auf den am ersten Anzapfpunkt. Die Energieumwandlung beträgt dabei (807—722,5) = 84,5 kcal/kg. Nur 91,9 % des Dampfes expandiert in der Turbine zwischen dem ersten und zweiten Anzapfpunkt. In diesem Teil der Expansion werden 0,919 (722,5—680,2) kcal/kg, d. h. 38,8 kcal/kg umgesetzt. Jeweils 84,65, 78,05 und 71,92 % des Dampfes expandieren in den übrigen Stufen, es werden daher jeweils 0,8465 (680,2—638,7), 0,7805 (638,7—594,2) und 0,7192 (594,2—541,7) kcal/kg umgesetzt, das sind 35, 34,7 und 37,7 kcal/kg. Insgesamt werden demnach in der Turbine 84,5 + 38,8 + 35 + 34,7 + 37,7 = 230,7 kcal/kg umgesetzt.

Bei einem mechanischen Wirkungsgrad von 99 und einem elektrischen von 98 % beträgt die gesamte, in elektrische Energie umgewandelte Wärme 223 kcal/kg. Der Dampfverbrauch beträgt dann 860/223 = 3,85 kg/kWh und der Gesamtwirkungsgrad

$$\frac{223}{807 - 198,1} = 0,367 \text{ oder } 36,7 \%$$

Nach der weiter oben beschriebenen abgekürzten Methode ergab sich bereits (S. 42) ein theoretischer Wirkungsgrad für den vorliegenden Kreislauf – bei einem Dampfzustand von 65 ata und 485 °C, einer Speisewasservorwärmung auf 195 °C und einem Kondensatorvakuum von 0,05 ata – von

$$\frac{(807 - 198,1) - 308,16\,(1,620 - 0,5449)}{(807 - 198,1)} = 0,455$$

und ein tatsächlich erreichbarer Wirkungsgrad von 36,4 %.

In der Abb. 37 sind weitere Feinheiten dargestellt, die an Hand des Mollier-Diagramms gut verfolgt werden können, und zwar sind dies folgende:

1. Im Regelventil vor der Turbine wurde im allgemeinen ein Druckabfall von 5 % angenommen. Beträgt zum Beispiel der vor dem Ventil verfügbare Dampfdruck 65 ata, so beträgt dieser zu Beginn der Expansion 61,75 ata. Durch den Drosselvorgang ändert sich der Wärmeinhalt nicht, durch den geringen Temperaturabfall tritt jedoch ein geringer Entropieabfall auf.

2. In den Rückschlagklappen und den Verbindungsrohrleitungen zwischen den Anzapfstellen und den verschiedenen Wärmeaustauschern tritt ebenfalls ein Druckabfall von 5 % auf. Deshalb steigert man Druck und Temperatur, d. h. von der Turbine wird Dampf besserer Qualität abgezapft.

3. An jeden Speisewasservorwärmer werden spezielle Wärmeaustauscher angeschlossen, in denen die Kondensat-Ablaßtemperatur bis etwa 10 °C an die Temperatur des ankommenden Speisewassers heran abgekühlt

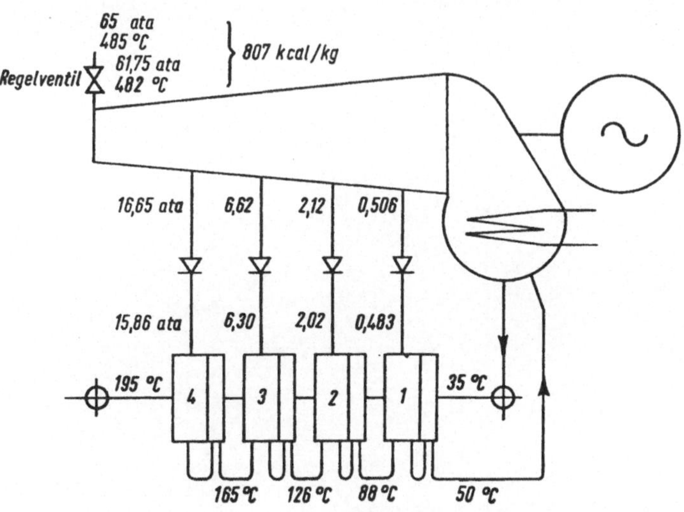

Abb. 37 Dampfturbine mit Regenerativ-Vorwärmung

wird. Sieht man diese zusätzlichen Wärmeaustauscher nicht vor, so gibt
das heiße Kondensatwasser der Stufen höheren Druckes seine Wärme
weitaus schlechter an die niedrigeren Druckes ab. Auf diese Weise läßt sich
somit Anzapfdampf von der Turbine sparen.

Anhang IV

Das Temperatur-Entropie (t,s)-Diagramm

Das Temperatur-Entropie-Diagramm ist eine zeichnerische Darstellung der Dampftafeln mit der Entropie s als Abszisse und Temperatur t als Ordinate. Diese Darstellung wird bei weitem nicht im gleichen Maße für die Berechnung von Dampfkreisläufen verwendet, wie das zweckmäßigere (i-s)-Diagramm. Beide haben die gleichen Daten zur Grundlage, doch ist die Darstellungsart verschieden. Das (t-s)-Diagramm dient zur Darstellung der Kennlinien der verschiedenen Dampfkreisläufe.

Die Abb. 38 stellt einen Ausschnitt aus dem Temperatur-Entropie-Diagramm dar, in dem die Expansion von Dampf von 65 ata und 485 °C (Punkt A) in ein Vakuum von 0,05 ata (Punkt B) aufgezeichnet wird. Dies entspricht einer isentropen Expansion – es soll zuerst wieder eine verlustlose Expansion dargestellt werden –. Punkt B ist der Schnittpunkt des Linienzuges der konstanten Temperaturen CH mit AB. CH ist dabei die Sättigungstemperatur (32,55 °C) entsprechend dem Vakuum von 0,05 ata. Die Isentrope AB schneidet nicht, wie beim (i-s)-Diagramm die Kurve konstanten Volumens selbst, außer wenn der Dampf gegen Ende der Expansion noch überhitzt wäre. Der Dampf kondensiert nun bei konstanter Temperatur (32,55 °C) entlang der Linie BC, bis am Punkt C nur noch Wasser vorhanden ist. BC gibt daher die Wärmemenge an, die beim Kondensieren des Dampfes bei einem Vakuum von 0,05 ata frei wird. Im Dampferzeuger wird das Wasser zunächst auf die Sättigungstemperatur von 279,54 °C entsprechend dem Druck innerhalb des Verdampfers von 65 ata erhitzt. Die Aufwärmung erfolgt entlang CD, die die für den Aufwärmeprozeß benötigte Wärmemenge angibt. Dann verdampft das Wasser bei konstantem Druck und konstanter (Sättigungs-)Temperatur entlang der Linie DE, die die erforderliche Verdampfungswärme bei einem Druck von 65 ata anzeigt. Anschließend erfolgt die Überhitzung des Dampfes bei konstantem Druck auf 485 °C (Linie EA). Der Linienzug ist dann geschlossen. Die Fäche $ABCDEA$ kann nun als Darstellung der drei hauptsächlichen Teile des Dampfkreislaufes angesehen werden, nämlich der Expansion AB, der Kondensation BC und der Verdampfung (einschließlich der Vorwärmung und der Überhitzung) $CDEA$. Durch Ausplanimetrieren der Fläche $ABCDEA$ erhält man direkt die Leistung dieser „verlustlosen" Turbine, während die Fläche $AFGCDEA$ ein Maß der aufgenommenen Wärme ist. Das Verhältnis dieser beiden Werte ergibt dann den Wirkungsgrad des Kreislaufes. Die Punkte F und G sind

51

4*

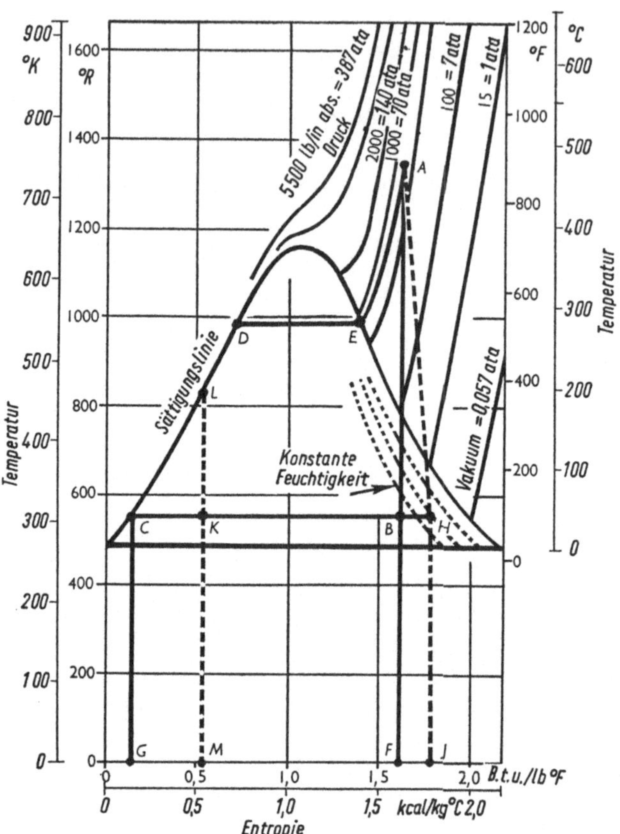

Abb. 38 Dampfexpansion im Temperatur-Entropie-Diagramm

dabei, wie im Diagramm dargestellt, Schnittpunkte der Isentropen *BF* und *CG* mit der Linie *GJ*, der Nullinie der Temperatur.

Es sei hier daran erinnert, daß das Beispiel von Dampf von 65 ata und 485 °C, der in ein Vakuum von 0,05 ata expandiert, bereits früher (S. 44) durchgerechnet wurde, und daß dort als Wärmemenge, die im Kondensator abzuführen ist, die Differenz der Entropien von Dampf und Wasser multipliziert mit der absoluten Temperatur bei dem entsprechenden Vakuum angegeben wurde. Man sieht jetzt, daß dies der Fläche *BFGCB* entspricht. Die durch *BF* dargestellte Entropie beträgt 1,6230 und die durch *CG* dargestellte 0,1126, so daß sich eine Differenz von 1,5104 ergibt. Die Multiplikation mit *CH*, der absoluten Temperatur (nämlich 305,71 °C), ergibt als

Produkt die Fläche *BFGCB*, also gerade die Wärmemenge, die im Kondensator abgeführt werden muß (472 kcal/kg).

Zusammenfassend darf festgestellt werden, daß

1. die Gesamtfläche *AFGCDEA* der Differenz der Gesamtwärme am Punkt *A* und der Flüssigkeitswärme am Punkt *C* entspricht,

2. die Fläche *BFGCB* (die verlorene Wärme) wie oben angegeben entsteht, und

3. die Differenz zwischen beiden gleich der in der Turbine in Arbeit umgesetzten Wärmemenge ist, nämlich *ABCDEA*.

Ein Kreislauf mit Regenerativ-Speisewasservorwärmung, in dem Dampf von 65 ata und 485 °C in ein Vakuum von 0,05 ata expandiert, bei dem aber Dampf von der Turbine abgezapft wurde, um das Speisewasser auf 195 °C vorzuwärmen, ist im gleichen Diagramm mit der Fläche *ABKLDEA* dargestellt. Hierin ist *L* der Schnittpunkt der Sättigungslinie und der Speisewassertemperatur. Der Punkt *K* liegt auf dem Schnittpunkt der Isentropen durch *L* mit der, dem Vakuum entsprechenden Temperatur (*CH*). Die Fläche *ABKLDEA* stellt die Wärmemenge dar, die innerhalb der Turbine in Arbeit umgesetzt wird. Man sieht, daß entsprechend der gestrichelten Fläche *LKCL* ein Teil der Energie verloren geht, da der Anzapfdampf vor Beendigung seiner Expansion aus der Turbine entnommen wird. Die Fläche *AFMLDEA* stellt die Wärmemenge dar, die dem Speisewasserkreislauf zugeführt wird und man sieht, daß eine der Fläche *LMGCL* entsprechende Wärmemenge dem Dampferzeuger nicht zugeführt zu werden braucht, da das Speisewasser bereits eine hohe Eintrittstemperatur hat. Die Expansion entsprechend der Fläche *LMGCL* ist wesentlich größer als der Verlust entsprechend der Fläche *LKCL*, so daß ein Kreislauf mit Speisewasservorwärmung einen wesentlich besseren Wirkungsgrad hat, als ein solcher ohne Speisewasservorwärmung.

Zum Speisewasserkreislauf läßt sich also sagen, daß

1. die gesamte Fläche *AFMLDEA* der Differenz der Wärmeinhalte am Punkt *A* und der Flüssigkeitswärme am Punkt *L* entspricht,

2. die Fläche *BFMKB* (die verlorene Wärme) der Differenz der Entropien zwischen *B* und *K* multipliziert mit der dem Vakuum entsprechenden Temperatur entspricht und

3. die Differenz zwischen 1. und 2., nämlich die Fläche *ABKLDEA*, die in der Turbine in Arbeit umgesetzte Wärme bedeutet.

Die gestrichelte Linie *AH* in Abb. 38 stellt den Verlauf der Zustandslinie in einer tatsächlichen, technisch möglichen Turbine dar und das Verhältnis des Wärmeabbaues zwischen *AH* und *AB* ist der Wirkungsgrad der Turbine. Dies ist das „Bild" des Wirkungsgrades in einer Turbine ohne Speisewasser-Vorwärmung: Die Gesamtwärmezufuhr entspricht zwar weiterhin der Fläche *AFGCDEA*, die Leistung dagegen der Fläche *ABCDEA* *vermindert* um die Fläche *HJFBH*.

Anhang V

Die Dampfturbine

Es würde zuweit führen, im Rahmen dieser Einzeldarstellung die verschiedenen Dampfturbinentypen zu beschreiben, die sich in der Industrie bewährt haben. Zum Studium der Dampfkreisläufe ist es jedoch wünschenswert, mit den Grundzügen der Turbinen und ihrer Hilfsanlagen vertraut zu sein.

Die einfachste Dampfturbine erhält den Dampf von einem Verdampfer und expandiert ihn in einer oder mehreren Stufen zu einem niedrigeren Druck. Dabei wird die Energie des Dampfes – als Funktion seines Druckes und der Temperatur – in kinetische Energie und schließlich in Drehbewegung des Turbinenläufers gewandelt. Der aus der letzten Stufe der Turbine austretende Dampf wird dann kondensiert, indem man ihn über die Rohre eines Rohrbündelwärmeaustauschers schickt, durch die große Mengen Kühlwasser gepumpt werden. Das Kondensat wird durch eine Pumpe aus dem Kondensator gesaugt und in einen Sammelbehälter geleitet, aus dem es dann von den Kesselspeisewasserpumpen wieder herausgesaugt wird (siehe Abb. 39).

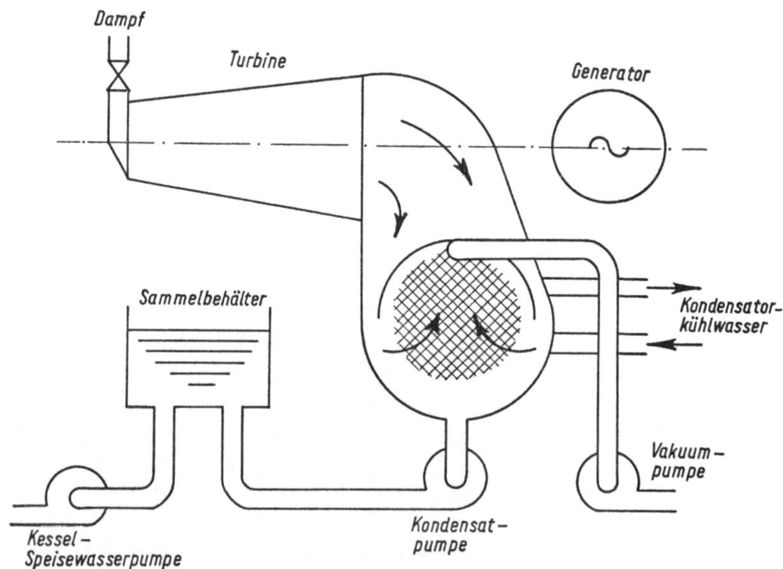

Abb. 39 Kondensationsturbine

Wenn eine einfache Dampfturbine mit Dampf von etwa 45 ata und 450 °C arbeitet und in die Atmosphäre ausbläst, beträgt ihr Dampfverbrauch etwa 4,5 kg/kW und der Wirkungsgrad dieser Anlage würde etwa 17 % betragen. Wenn die Turbine jedoch in einen Kondensator mit einem entsprechenden Vakuum ausbläst, sinkt der Dampfverbrauch auf weniger als die Hälfte, während der Wirkungsgrad auf etwa 32 % ansteigt. Hierzu läßt sich noch sagen, daß in dieser Turbine ebensoviel Energie umgesetzt wird, wenn sie Dampf von Atmosphärendruck abwärts, wie wenn sie Dampf von 45 ata bis zum Atmosphärendruck expandiert.

Kondensatoren für Dampfkraftanlagen sind im allgemeinen für ein Vakuum von 0,035 bis 0,05 ata ausgelegt. Das erforderliche Kühlwasser wird dem Meere entnommen – wenn die Kraftwerke in Küstennähe stehen – sonst aus Flüssen oder in Kühlturmanlagen rückgekühlt. Bei Flußwasserkühlsystemen beträgt die Auslegungstemperatur im allgemeinen 15 °C. Das Kühlwasser wird dann beim Passieren des Kondensators um etwa 5 bis 8 °C aufgewärmt. Die Vakuumtemperatur (d. h. die Temperatur der Dampfseite der Kondensatorrohre) nähert sich dann auf etwa 3 bis 5 °C der Austrittstemperatur des Kühlwassers. Ein typischer Kondensator mit Flußwasserkühlung wird für Kühlwasserein- und -austrittstemperaturen von 15 und 23 °C ausgelegt, die Vakuumtemperatur beträgt dabei 26,3 °C, entsprechend einem Druck von 0,035 ata (wie man aus den Dampftafeln entnehmen kann). In Kondensatoren, die durch Wasser aus Kühlturmanlagen gekühlt werden, basiert die wasserseitige Auslegung im allgemeinen auf eine Temperatur von 22 °C. Auch sind die Kondensatoren für eine Kühlwasseraufwärmung von 5 bis 8 °C ausgelegt und die Kühlwasseraustrittstemperatur kommt auf etwa 3 °C an die Vakuumtemperatur heran. Die Drücke betragen dabei etwa 0,05 ata. Alle Kondensatoren werden mit Hilfsanlagen ausgerüstet, die nichtkondensierbare Gase, wie z. B. Luft, fortwährend absaugen. Man verwendet hierzu Dampfstrahlpumpen oder rotierende Vakuumpumpen, die so im Kondensator angeordnet werden, daß der weitaus größte Teil des Dampfes kondensiert und möglichst nur die unkondensierbaren Gase durch die Pumpen abgesaugt werden.

Die etwas kompliziertere Turbinenanlage mit Speisewasservorwärmung strebt danach, die Temperaturen des Speisewassers soweit wie möglich zu erhöhen, bevor es in den Verdampfer zurückgepumpt wird. Man verwendet dazu Dampf, der in der Turbine bereits einige Arbeit geleistet hat und dann abgezapft wird, um das Speisewasser vorzuwärmen. Die Abb. 37 und 40a sind schematische Darstellungen solcher Turbinen mit Speisewasservorwärmung in vier Stufen. Die Temperatur des Kondensats wird, bevor es in den Verdampfer zurückgepumpt wird, auf 195 °C gebracht. Der Dampf wird im Verlaufe der Expansion an vier aufeinanderfolgenden Punkten abgezapft und das Kondensat wird beim schrittweisen Durchströmen der Vorwärmer durch kostbaren Dampf, der erst einen Teil seiner Arbeit geleistet hat, erwärmt. Es entsteht daher auch ein spürbarer Verlust an potentieller Energie, weil der Dampf vor Beendigung der vollen Expansion abgezapft wurde. Dieses wird aber durch den mit der höheren Speisewassertemperatur verbundenen geringeren Brennstoffverbrauch im Verdampfer mehr als aufgehoben, denn im Endergebnis stellt sich ein spürbarer Gewinn an Gesamtwirkungsgrad ein. Dieser beträgt z. B. bei einer einfachen Turbine, die mit Dampf von 65 ata und 485 °C arbeitet, etwa 33,5 %. Bei einer unter gleichen Dampfzuständen, jedoch mit Regenerativ-Speisewasservorwärmung auf 195 °C arbeitenden Turbine erhöht sich der Wirkungsgrad auf 36,4 %.

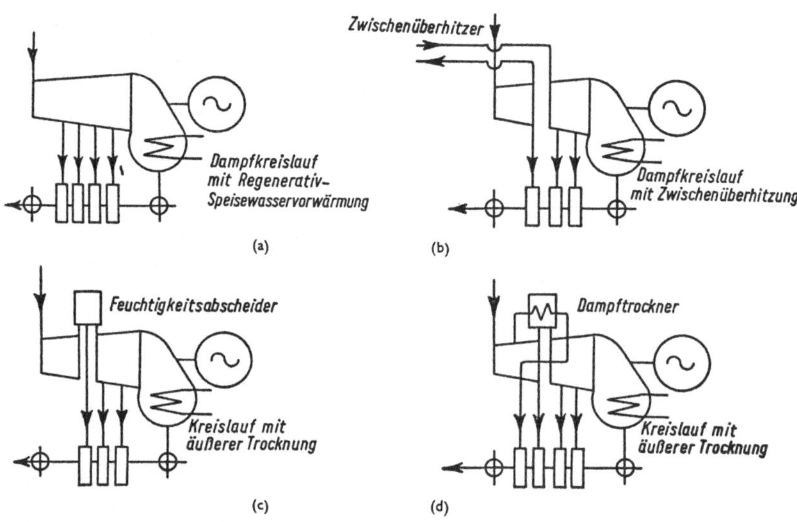

Abb. 40 Dampfkreisläufe mit a) Speisewasservorwärmung, b) Zwischenüberhitzung, c) Wasserabscheider und d) Dampftrocknung

Bei Kondensationsturbinen, die im Kondensator mit einem Vakuum von 0,035 oder 0,05 ata arbeiten, tritt in den letzten Stufen das Problem der Bildung von Feuchtigkeit auf. Ein übermäßiger Feuchtigkeitsgehalt führt zu starken Erosionserscheinungen an den Schaufeln der letzten Stufen der Turbine. Die Erfahrung zeigt, daß man den Feuchtigkeitsgehalt nach Möglichkeit unter 13 % halten soll, um die Abnützungen in erträglichen Grenzen zu halten. Der Feuchtigkeitsgehalt selbst ist eine Funktion des Dampfzustandes zu Beginn der Expansion in der Turbine und des Turbinenwirkungsgrades. Hohe Anfangsdrücke, niedrige Temperaturen und große Wirkungsgrade führen zu übermäßiger Feuchtigkeitsbildung am Turbinenaustritt. Die Tafel 1 gibt die zulässigen Dampfdrücke bei verschiedenen Temperaturen an, bei denen – bei einem Turbinenwirkungsgrad von 80 bis 85 % und einem Kondensatorvakuum von 0,035 ata – die Dampffeuchte am Turbinenaustritt auf maximal 13 % begrenzt ist.

Beziehungen zwischen dem Dampfdruck und der Dampftemperatur sowie dem Turbinenwirkungsgrad und dem Kondensatorvakuum (0,035 ata) und einer konstanten Dampffeuchte am Turbinenaustritt von 13 %

Tabelle 1

Turbinenwirkungsgrad	80 %	85 %
Dampftemperatur (°C)	zulässiger Dampfdruck (ata)	
260	12,0	8,8
315	21,7	15,0
370	37,2	25,3
425	61,8	40,7
485	98,4	63,9
535	151,2	98,4
595	224,9	147,6

Das Problem der Feuchtigkeitsabscheidung am Turbinenaustritt ist auch der Hauptgrund, weshalb man bei Kreisläufen, die mit höheren Drücken arbeiten, das Prinzip der Zwischenüberhitzung anwendet. Im Kreislauf mit Zwischenüberhitzung nach Abb. 40b wird der Dampf nach teilweiser Expansion in der Turbine zurück in den Überhitzerteil des Wärmeaustauschers geleitet und wiederum überhitzt. In der Turbine findet anschließend der Rest der Expansion statt. Normalerweise findet die Zwischenüberhitzung nach einer Expansion auf etwa ein Viertel des Anfangsdruckes statt. Durch entsprechende Auswahl des Punktes, an dem die Zwischenüberhitzung stattfinden soll, läßt sich letzten Endes noch ein geringer Gewinn an Wirkungsgrad erzielen.

Ein anderer Weg, das Problem der Dampfnässe auszuschalten, ist, besondere Wasserabscheider im Turbinengehäuse oder außerhalb davon vorzusehen. Eine Abscheidung im Inneren der Turbine erzielt man durch entsprechende Anordnung von Sammelleitungen im Turbinengehäuse, in denen das Wasser gesammelt und dann fortgeleitet wird. Die Wasserabscheidung außerhalb der Turbine kann beispielsweise durch die Anordnung von Dampftrocknern zwischen der Hoch- und Niederdruckstufe der Turbine erfolgen (vgl. Abb. 40c). Außerdem kann die Dampftrocknung außerhalb der Turbine durch eine Art Überhitzung mit Frischdampf oder teilexpandiertem Dampf in einem eigenen Wärmeaustauscher erfolgen (Abb. 40d).

Beispiele zur Berechnung von Wärmeaustauschern

Beispiel 1

Kohlendioxyd von 400 °C tritt von oben in einen senkrechten Wärmeaustauscher ein, der einen Überhitzer, Verdampfer und Vorwärmer enthält. Es soll Dampf von 35 ata und 390 °C, gemessen am Überhitzeraustritt, erzeugt werden. Das Speisewasser tritt mit 35 °C in den Vorwärmer ein.

Mit welcher Temperatur verläßt das Kohlendioxyd bei einer mittleren Grädigkeit von 10 °C den Wärmeaustauscher und wie ändert sich seine Austrittstemperatur bei Speisewassereintrittstemperaturen von 90, 150 und 200 °C?

Wenn man für den Überhitzer einen Druckabfall von etwa 1 ata annimmt, so beträgt der Druck im Verdampfer 36 ata. Da der Wärmeaustauscher senkrecht angeordnet ist, ist der Druck in den unteren Rohren des Verdampfers um den statischen Druck des darüberstehenden Wassers höher. Unter der Annahme, daß dies auch 1 ata ausmacht, beträgt der Druck in diesen Rohren 37 ata und die zugehörige Sättigungstemperatur 244,6 °C. Bei einer Grädigkeit von 10 °C beträgt dann die Temperatur des Kohlendioxyds am Austritt aus dem Verdampfer 254,6 °C.

Nun ist es möglich, die Wärmebilanz im Überhitzer und Verdampfer des Wärmeaustauschers zu bestimmen.

Die Wärmemenge, die 1 kg Kohlendioxyd abgibt, beträgt (139,70—102,00) = 37,70 kcal (vgl. Tafel: Wärmeinhalt von Kohlendioxyd, Seite 64 bis 65). Der Wärmeinhalt von gesättigtem Wasser bei 36 ata beträgt 251,2 kcal/kg und der des überhitzten Dampfes bei 35 ata und 390 °C 763,3 kcal/kg. Durch 1 kg Reaktorkühlmittel werden demnach

$$\frac{37,70}{763,3 - 251,2} = 0,0735 \text{ kg}$$

Dampf erzeugt.

Es ist jetzt weiterhin möglich, die Wärmebilanz im Vorwärmerteil des Wärmeaustauschers zu berechnen.

Der Wärmeinhalt von Wasser bei 35 °C beträgt 34,99 kcal/kg. Da der Vorwärmer die Temperatur des Speisewassers auf die Sättigungstemperatur entsprechend dem Druck in der Dampftrommel bringen soll, müssen dem Vorwärmer 0,0735 · (251,2—34,99) kcal je kg Kühlgas, d. h. 15,9 kcal, zugeführt werden. Das Kohlendioxyd verläßt dann den Wärmeaustauscher mit einer Entalphie von (102,00—15,9) = 86,1 kcal/kg und der entsprechenden Temperatur von 190 °C.

Bei den Speisewassertemperaturen von 90, 150 und 200 °C betragen die entsprechenden Wärmeinhalte 89,98, 150,9 und 203,5 kcal/kg. Im Vorwärmer werden jeweils 0,0735 · (251,2—89,98), 0,0735 · (251,2—150,9) und 0,0735 · (251,2—203,5), d. h. also 11,85, 7,38 und 3,5 kcal/kg aufgenommen, so daß das Kohlendioxyd den Wärmeaustauscher in den einzelnen Fällen mit einem Wärmeinhalt von (102,00—11,85), (102,00—7,38) und (102,00—3,5) gleich 90,15, 94,62 und 98,5 kcal/kg bei den zugehörigen Temperaturen 207, 225 und 240 °C verläßt.

Zur Erläuterung des vorstehenden ist eine Erklärung notwendig, warum auf der Wasserseite die Temperatur von 246,6 °C als die mit dem geringsten Temperaturabstand zum Kühlgas gewählt wurde, anstatt der Sättigungstemperatur entsprechend dem Dampfdruck in der Trommel. Zweifellos tritt das Wasser in die untersten Rohre des Verdampfers mit dieser niedrigeren Temperatur, es wird jedoch so schnell auf die höhere Temperatur erhitzt, daß der größte Teil der Rohre bei dieser Temperatur arbeitet.

Es sei weiterhin darauf hingewiesen, daß die Kompressibilität des Wassers und deren Einfluß auf den Wärmeinhalt in den Wärmebilanzen unberücksichtigt geblieben ist. Bei einer genaueren Rechnung muß dieser Faktor auf jeden Fall berücksichtigt werden. Der Fehler in der Rechnung ist bei den hier vorliegenden, relativ niedrigen Dampfdrücken gering, er wird jedoch bei steigenden Dampfdrücken größer. So beträgt zum Beispiel der Wärmeinhalt von Wasser von 40 °C bei atmosphärischem Druck 39,98 kcal/kg, bei 100 ata

Beispiel 2

Bei einem Zweidruck-Wärmeaustauscher tritt das Kohlendioxyd mit 400 °C in den Wärmeaustauscher ein und geht nacheinander durch den Hoch- und Niederdrucküberhitzer (die nebeneinander angeordnet sind), den Hochdruckverdampfer und -vorwärmer, den Niederdruckverdampfer und schließlich durch den Niederdruckvorwärmer. Es sollen Hochdruckdampf von 140 ata und 390 °C und Niederdruckdampf von 35 ata und 390 °C erzeugt werden. Das Speisewasser steht mit 35 °C für die Vorwärmer zur Verfügung. Die Dampfzustände sollen jeweils am Überhitzeraustritt gemessen werden.

Wie groß sind bei einer Grädigkeit von 10 °C die Anteile des Hoch- und Niederdruckdampfes und wie hoch ist die Temperatur des Kohlendioxyds am Wärmeaustauscheraustritt?

Die Druckverluste im Überhitzer sollen wiederum mit 1 ata, die statischen Drücke in den unteren Rohren der Verdampfer ebenfalls mit 1 ata angenommen werden. An den Stellen mit den geringsten Temperaturdifferenzen zwischen Kühlgas und Dampf bzw. Wasser ergeben sich dann die Drücke 141 und 36 ata. Die dazugehörigen Sättigungstemperaturen betragen 335,7 und 243,04 °C, so daß sich an diesen Stellen Kohlendioxydtemperaturen von 345,7 und 253,04 °C ergeben. Da die Anteile des Hoch- und Niederdruckdampfes nicht bekannt sind, kann die Rechnung erst zu Ende geführt werden, wenn die folgenden Überlegungen angestellt worden sind.

Q_{HD} und Q_{ND} seien die Gewichte des Hoch- und Niederdruckdampfes, die je kg Kühlgas im Wärmeaustauscher erzeugt werden. Zwischen der Stelle des Kühlgaseintrittes und der der kleinsten Temperaturdifferenz auf der Hochdruckseite des Wärmeaustauschers wird der Anteil Q_{HD} verdampft und überhitzt, während Q_{ND} überhitzt wird. Das Kühlgas beaufschlagt also nur die beiden Überhitzer und den Hochdruckverdampfer. Die in diesem Teil der Wärmebilanz vom Dampf aufgenommene Wärmemenge ist gleich der Verdampfungswärme des gesättigten Wassers von 141 ata, dem Wärmeinhalt des überhitzten Dampfes von 140 ata und 390 °C, dem des überhitzten Dampfes von 35 ata und 390 °C und der Verdampfungswärme des gesättigten Dampfes von 36 ata. Diese sind 373, 708,7, 669,5 und 763,3 kcal/kg. In diesem Teil des Wärmeaustauschers werden also

$$Q_{HD} (708,7 - 373) + Q_{ND} (763,3 - 669,5)$$

aufgenommen. Diese Wärmemenge muß gleich der Differenz des Wärmeinhaltes des Kühlgases am Eintritt in den Wärmeaustauscher (139,70 kcal/kg) und an der Stelle des geringsten Temperaturabstandes zwischen Kühlgas und Wasser bzw. Dampf (125,30 kcal/kg) sein:

$$335,7 \, Q_{HD} + 28,3 \, Q_{ND} = 14,40 \tag{1}$$

Zwischen den Stellen der geringsten Grädigkeiten auf der Hoch- und Niederdruckseite durchströmt das Kühlgas den Hochdruckvorwärmer und den Niederdruckverdampfer. Das Wasser nimmt in diesem Teil des Wärmeaustauschers die Entalphie bei 36 und 141 ata sowie die Gesamtwärme des gesättigten Dampfes von 36 ata auf. Diese sind 251,2, 373 und 669,5 kcal/kg. Es werden also

$$Q_{HD} (373 - 251,2) + Q_{ND} (669,5 - 251,2)$$

kcal/kg aufgenommen. Diese Wärmemenge muß wiederum gleich dem Wärmeabbau im Kühlgas zwischen den betrachteten Stellen (125,30 und 101,66) sein, so daß

$$128,8 \, Q_{HD} + 418,3 \, Q_{ND} = 23,64 \tag{2}$$

Durch Lösen der beiden Gleichungen (1) und (2) ergibt sich eine Hochdruckdampfmenge von 0,0296 und eine Niederdruckdampfmenge von 0,0474 kg je kg Kühlgas, welches durch den Wärmeaustauscher strömt. Der Anteil des Hochdruckdampfes beträgt demnach 38,5 %, der des Niederdruckes 61,5 %.

Jetzt ist es möglich, die Wärmebilanz in den nebeneinander angeordneten Hoch- und Niederdruckvorwärmern am unteren Ende des Wärmeaustauschers zu berechnen und die Austrittstemperatur des Kühlgases zu bestimmen.

Die Speisewassereintrittstemperatur beträgt 35 °C bei einem Wärmeinhalt von 34,99 kcal/kg (ohne Berücksichtigung der Kompressibilität des Wassers). Die Vorwärmer wärmen das Wasser nur bis zur Sättigungstemperatur des Wassers bei dem entsprechenden Druck auf, es müssen also je kg Kühlgas in den Vorwärmern $(0,0296 + 0,0474) \cdot (251,2{-}34,99)$ kcal, d. h. 17,45 kcal, zugeführt werden. Der Wärmeinhalt des Kühlgases beim Austritt aus dem Wärmeaustauscher beträgt demnach $(101,66{-}17,45) = 84,21$ kcal/kg, wozu eine Temperatur von 182 °C gehört.

Beispiel 3

Es ist durchaus denkbar, daß im vorliegenden Beispiel ein Niederdrucküberhitzer innerhalb des Wärmeaustauschers unmittelbar neben dem Hochdruckvorwärmer angeordnet und in diesem der Dampf auf 340 °C überhitzt würde. Wie groß würden die Anteile des Hoch- und Niederdruckdampfes in diesem Falle sein?

Zwischen dem Kühlgaseintritt und der Stelle mit der geringsten Temperaturdifferenz zwischen Kühlgas und Dampf bzw. Wasser auf der Hochdruckseite werden

$$Q_{HD} (708,7{-}373) + Q_{ND} (763,3{-}735) \text{ kcal/kg ausgetauscht,}$$

wenn der Wärmeinhalt von Dampf bei 35,5 ata und 340 °C 735 kcal/kg beträgt.

Es ist also

$$335,7\,Q_{HD} + 28,3\,Q_{ND} = 14,40 \tag{1}$$

Zwischen den Punkten der geringsten Temperaturdifferenz auf der Hoch- und Niederdruckseite werden

$$Q_{HD} (373{-}251,2) + Q_{ND} (735{-}251,2)$$

kcal/kg abgegeben, so daß

$$128,8\,Q_{HD} + 483,8\,Q_{ND} = 23,64 \tag{2}$$

Die Lösung der Gleichungen (1) und (2) ergibt dann einen Hochdruckdampf-Anteil von 0,0322 kg und einen Niederdruckdampf-Anteil von 0,0383 kg je kg Kühlgas. Prozentual entfallen auf den Hochdruckdampf 45,7 % und auf den Niederdruckdampf 54,3 %.

Die Wärmebilanz ergibt für die kombinierten Vorwärmer

$$(0,0322 + 0,0383) (251,2-34,99) = 15,95$$

kcal/kg Kühlgas, so daß dieses mit einem Wärmeinhalt von (101,66—15,95) = 85,71 kcal/kg entsprechend einer Temperatur von 188 °C aus dem Wärmeaustauscher austritt.

Aus dem vorstehenden wird ersichtlich, wie wichtig allein die richtige und zweckentsprechende Anordnung der wärmeaustauschenden Flächen innerhalb des Wärmeaustauschers ist. So hat der Einbau des Niederdrucküberhitzers an einer anderen Stelle (wie aus Beispiel 2 und 3 ersichtlich) eine Steigerung des Hochdruckdampfanteiles von 38,5 auf 45,7 % zur Folge.

Tabellen des Wärmeinhaltes von Kohlendioxyd bei 10,5 ata[1]) in kcal/kg

1) Es ist zu beachten, daß der Wärmeinhalt von Kohlendioxyd durch den Druck geringfügig beeinflußt wird, was bei genaueren Berechnungen entsprechend berücksichtigt werden muß. (Siehe auch ''Reaktor Handbook Engineering'' 1955, United States Atomic Energy Commission Seite 396–407.)

Temperatur °C	0	1	2	3	4	5	6	7	8	9
50	54,00	54,22	54,44	54,66	54,88	55,10	55,32	55,54	55,76	55,98
60	56,20	56,42	56,64	56,86	57,08	57,30	57,52	57,74	57,96	58,18
70	58,40	58,63	58,86	59,09	59,32	59,55	59,78	60,01	60,24	60,47
80	60,70	60,93	61,16	61,39	61,62	61,85	62,08	62,31	62,54	62,77
90	63,00	63,23	63,46	63,69	63,92	64,15	64,38	64,61	64,84	65,07
100	65,30	65,53	65,76	65,99	66,22	66,45	66,68	66,91	67,14	67,37
110	67,60	67,83	68,06	68,29	68,52	68,75	68,98	69,21	69,44	69,67
120	69,90	70,13	70,36	70,59	70,82	71,05	71,28	71,51	71,74	71,97
130	72,20	72,43	72,66	72,89	73,12	73,35	73,58	73,81	74,04	74,27
140	74,50	74,73	74,96	75,19	75,42	75,65	75,88	76,11	76,34	76,57
150	76,80	77,03	77,26	77,49	77,72	77,95	78,18	78,41	78,64	78,87
160	79,10	79,33	79,56	79,79	80,02	80,25	80,48	80,71	80,94	81,17
170	81,40	81,64	81,88	82,12	82,36	82,60	82,84	83,08	83,32	83,56
180	83,80	84,04	84,28	84,52	84,76	85,00	85,24	85,48	85,72	85,96
190	86,20	86,44	86,68	86,92	87,16	87,40	87,64	87,88	88,12	88,36
200	88,60	88,84	89,08	89,32	89,56	89,80	90,04	90,28	90,52	90,76
210	91,00	91,24	91,48	91,72	91,96	92,20	92,44	92,68	92,92	93,16
220	93,40	93,65	93,90	94,15	94,40	94,65	94,90	95,15	95,40	95,65
230	95,90	96,15	96,40	96,65	96,90	97,15	97,40	97,65	97,90	98,15
240	98,40	98,65	98,90	99,15	99,40	99,65	99,90	100,15	100,40	100,65
250	100,90	101,15	101,40	101,65	101,90	102,15	102,40	102,65	102,90	103,15
260	103,40	103,65	103,90	104,15	104,40	104,65	104,90	105,15	105,40	105,65
270	105,90	106,15	106,40	106,65	106,90	107,15	107,40	107,65	107,90	108,15
280	108,40	108,65	108,90	109,15	109,40	109,65	109,90	110,15	110,40	110,65
290	110,90	111,15	111,40	111,65	111,90	112,15	112,40	112,65	112,90	113,15
300	113,40	113,66	113,92	114,18	114,44	114,70	114,96	115,22	115,48	115,74

	0	1	2	3	4	5	6	7	8	9
310	116,00	116,26	116,52	116,78	117,04	117,30	117,56	117,82	118,08	118,34
320	118,60	118,86	119,12	119,38	119,64	119,90	120,16	120,42	120,68	120,94
330	121,20	121,46	121,72	121,98	122,24	122,50	122,76	123,02	123,28	123,54
340	123,80	124,06	124,32	124,58	124,84	125,10	125,36	125,62	125,88	126,14
350	126,40	126,66	126,92	127,18	127,44	127,70	127,96	128,22	128,48	128,74
360	129,00	129,26	129,52	129,78	130,04	130,30	130,56	130,82	131,08	131,34
370	131,60	131,87	132,14	132,41	132,68	132,95	133,22	133,49	133,76	134,03
380	134,30	134,57	134,84	135,11	135,38	135,65	135,92	136,19	136,46	136,73
390	137,00	137,27	137,54	137,81	138,08	138,35	138,62	138,89	139,16	139,43
400	139,70	139,97	140,24	140,51	140,78	141,05	141,32	141,59	141,86	142,13
410	142,40	142,67	142,94	143,21	143,48	143,75	144,02	144,29	144,56	144,83
420	145,10	145,37	145,64	145,91	146,18	146,45	146,72	146,99	147,26	147,53
430	147,80	148,07	148,34	148,61	148,88	149,15	149,42	149,69	149,96	150,23
440	150,50	150,77	151,04	151,31	151,58	151,85	152,12	152,39	152,66	152,93
450	153,20	153,47	153,74	154,01	154,28	154,55	154,82	155,09	155,36	155,63
460	155,90	156,17	156,44	156,71	156,98	157,25	157,52	157,79	158,06	158,33
470	158,60	158,88	159,16	159,44	159,72	160,00	160,28	160,56	160,84	161,12
480	161,40	161,68	161,96	162,24	162,52	162,80	163,08	163,36	163,64	163,92
490	164,20	164,48	164,76	165,04	165,32	165,60	165,88	166,16	166,44	166,72
500	167,00	167,28	167,56	167,84	168,12	168,40	168,68	168,96	169,24	169,52
510	169,80	170,08	170,36	170,64	170,92	171,20	171,48	171,76	172,04	172,32
520	172,60	172,88	173,16	173,44	173,72	174,00	174,28	174,56	174,84	175,12
530	175,40	175,68	175,96	176,24	176,52	176,80	177,08	177,36	177,64	177,92
540	178,20	178,48	178,76	179,04	179,32	179,60	179,88	180,16	180,44	180,72
550	181,00	181,28	181,56	181,84	182,12	182,40	182,68	182,96	183,24	183,52
560	183,80	184,08	184,36	184,64	184,92	185,20	185,48	185,76	186,04	186,32
570	186,60	186,88	187,16	187,44	187,72	188,00	188,28	188,56	188,84	189,12
580	189,40	189,68	189,96	190,24	190,52	190,80	191,08	191,36	191,64	191,92
590	192,20	192,49	192,78	193,07	193,36	193,65	193,94	194,23	194,52	194,81
600	195,10	195,39	195,68	195,97	196,26	196,55	196,84	197,13	197,42	197,71
610	198,00	198,29	198,58	198,87	199,16	199,45	199,74	200,03	200,32	200,61
620	200,90	201,19	201,48	201,77	202,06	202,35	202,64	202,93	203,22	203,51
630	203,80	204,09	204,38	204,67	204,96	205,25	205,54	205,83	206,12	206,41
640	206,70	206,99	207,28	207,57	207,86	208,15	208,44	208,73	209,02	209,31
650	209,60									

Sachverzeichnis

(deutsch-englisch)